XINNENGYUAN JISHU JICHU YU YINGYONG

新能源技术基础与应用

李风海　张传祥　编著

U0243661

化学工业出版社
·北京·

内 容 简 介

新能源的开发和利用受到了人们的广泛关注。本书结合当今国内外新能源领域的发展现状，对生物质能、电池能、氢能、核能、可燃冰以及其他形式的新能源（太阳能、海洋能、地热能、风能、水能）的概念、原理、技术和发展趋势等进行了较为系统的阐述，对新能源技术基础及应用等进行了重点介绍，内容丰富，覆盖面广。

本书力求简明扼要，体现针对性、实用性和先进性。本书可供从事新能源、化学、化工、新材料和环境工程等相关学科的工程技术人员、研究人员参考，也可作为高等学校、高职高专院校热能动力设备及应用、能源工程、环境工程等专业的教学参考书或教材。

图书在版编目（CIP）数据

新能源技术基础与应用/李风海，张传祥编著.
北京：化学工业出版社，2021.9（2025.5重印）
ISBN 978-7-122-39307-4

Ⅰ.①新…　Ⅱ.①李…②张…　Ⅲ.①新能源-技术
Ⅳ.①TK01

中国版本图书馆 CIP 数据核字（2021）第 111424 号

责任编辑：朱　彤　　　　　　　　　文字编辑：丁海蓉
责任校对：宋　夏　　　　　　　　　装帧设计：刘丽华

出版发行：化学工业出版社（北京市东城区青年湖南街13号　邮政编码100011）
印　　装：北京盛通数码印刷有限公司
787mm×1092mm　1/16　印张9¾　字数236千字　2025年5月北京第1版第6次印刷

购书咨询：010-64518888　　　　　　售后服务：010-64518899
网　　址：http://www.cip.com.cn
凡购买本书，如有缺损质量问题，本社销售中心负责调换。

定　　价：55.00元

前 言

能源是人类生存及发展的物质基础。就我国而言，新能源的开发与利用具有重要的意义：一方面，常规能源日益枯竭；另一方面，以化石能源为主的能源利用方式带来的环境问题越来越严重。开发新能源技术可以改变传统能源消费结构，提高国家能源安全，减少温室气体排放，保护生态环境，促进经济和社会发展。因此，新能源技术开发和利用是实现我国资源、能源和环境可持续发展的必然选择。

本书的编写旨在促进新能源技术与工程研究和相关学科的发展，力求通俗易懂，简明扼要，在侧重介绍新能源技术涉及领域的基础上，对生物质能、电池能、氢能、核能、可燃冰以及其他形式的新能源（太阳能、海洋能、地热能、风能、水能）的概念及原理进行了较为系统的阐述。此外，对新能源技术特点、应用现状和未来的发展趋势等也进行了介绍。需要说明的是，生物质能作为绿色能源之一，预计将成为未来可持续新能源系统的重要组成部分，因此作者结合自己多年科研成果，重点对生物质能，特别是生物质灰熔融特性进行了较为详细的介绍和论述。本书可为从事新能源、化学、化工、新材料和环境工程等相关学科的工程技术人员、研究人员提供参考，也可作为高等学校、高职高专院校热能动力设备及应用、能源工程、环境工程等专业的教学参考书或教材。

本书撰写的部分内容得到了中国科学院创新性项目（KGCX2-YW-397）、煤炭转化国家重点实验室开放基金（J12-13-102）、中国科学院战略性先导科技专项（XDA07050103）、山东省自然科学基金（ZR2014BM014 和 ZR2018MB037）和国家自然科学基金（21875059）的资助。研究生肖慧霞、马修卫、李萌、于冰、李洋、赵超越等参与了项目的研究工作。本书的出版得到了山东省普通本科院校应用型人才培养专业发展支持计划项目和山东省高水平应用型立项建设化学工程与工艺专业（群）项目的支持。

本书由李风海和张传祥编著。第 1 章、第 2 章、第 5 章和第 7 章由菏泽学院李风海编写，第 3 章、第 4 章和第 6 章由河南理工大学张传祥编写。研究生董秀莲、司兴刚、刘永斌、程学利、骆俊杉、吕随明、董永昌参与了本书的校核工作，并提出了一些良好的建议，河南理工大学马名杰教授和刘宝忠教授对全书进行了审核。

由于新能源技术涉及范围广、发展迅速，加之作者水平和时间有限，疏漏之处在所难免，恳请广大读者批评指正。

编著者
2022 年 3 月

目录

第3章
电池能 / 048

第4章
氢能 / 071

第5章
核能 / 085

第6章
可燃冰 / 097

第 1 章

新能源概述

1.1 能源及我国能源现状

广义而言，任何物质都可以转化为能量，但是转化的数量及转化的难易程度是不同的。简言之，比较集中而又较易转化的含能物质称为能源。

人类对物质性质及能量转化方法的认识在不断深化，因此能源并没有一个确切的定义。但对于工程技术人员而言，在一定的工业发展阶段，能源的定义还是很明确的。能源可描述为：比较集中的含能体，可以直接或经转换提供人类所需的光、热、动力等任何形式能量的载能体资源。能源是人类取得能量的来源，包括已开采出来的可使用的自然资源以及经过加工或转换的能量的来源。

1.1.1 能源的分类

能源有多种分类方法，按来源可分为以下三类：

① 来自太阳的能量。包括直接来自太阳的能量（如太阳光热辐射能）和间接来自太阳的能量（如煤炭、石油、天然气、油页岩等可燃矿物及生物质能、水能和风能等）。

② 来自地球本身的能量。一种是地球内部蕴藏的地热能，如地下热水、地下蒸汽、干热岩体；另一种是地壳内铀、钍等核燃料所蕴藏的原子核能。

③ 地球与月球和太阳等天体相互作用产生的能量，如潮汐能等。

能源还可按相对比较的方法进行以下分类：

① 按是否经过加工转换，能源可分为一次能源和二次能源。一次能源是指在自然界中天然存在、可直接取之而又不改变其基本形态的能源，如煤炭、石油、天然气、风能、地热能等。由一次能源经过加工转换而成另一形态的能源产品是二次能源，如电力、煤气、蒸汽及各种石油制品等。

② 按是否能够反复使用，能源可分为可再生能源和不可再生能源。在自然界中可以不断再生并有规律地得到补充的能源，称为可再生能源，如太阳能和由太阳能转换而成的水能、风能、生物质能等。经过亿万年形成的、短时间内无法恢复的能源，称为不可再生能

源，如煤炭、石油、天然气等。

③ 按照人们开发和使用的程度，能源可分为常规能源和新能源。在相当长的历史时间和一定的科技水平下，已经被人类长期广泛使用的能源，也是当前主要的能源和应用范围最广的能源，这种能源称为常规能源，如煤炭、石油、天然气等。还有一些虽然属于古老能源，但只有采用先进方法才能加以利用，或近一二十年才被人们所重视和开发利用，在目前使用的能源中所占比例很小，但很有发展前途的能源，可以称它们为新能源，如生物质能、太阳能、地热能、潮汐能、可燃冰等。

④ 按能源性质，能源又可分为燃料能源和非燃料能源。属于燃料能源的包括矿物燃料（煤、石油、天然气等）、生物燃料（薪柴、沼气、有机废弃物等）、化工燃料（甲醇、丙烷以及可燃原料镁、铝等）和核燃料（铀、氘、钍等）四类。非燃料能源多数具有机械能，如水能、风能等；有的含有热能，如地热能、海洋能等；有的含有光能，如太阳能、激光等。

⑤ 按照使用能源对环境污染的大小，又把无污染或污染小的能源称为洁净能源，如太阳能、水能和氢能等；对环境污染较大的能源称为非洁净能源，如煤炭、油页岩等。石油的污染比煤少些，但也会产生氮氧化物、氧化硫等有害物质，所以洁净能源和非洁净能源是相对而言的。

1.1.2 我国能源资源的分布特点

1.1.2.1 能源资源在地域分布上具有不平衡性

煤炭资源分布广泛，但 90%的储量分布在秦岭-淮河以北地区，尤其是晋、陕、蒙三省区，约占到全国总量的 63.5%。煤炭约 85%分布于中西部，沿海地区仅约占 15%。从分省区探明储量看，超过 1000 亿吨的有山西、陕西和内蒙古；超过 200 亿～1000 亿吨的省区有新疆、贵州、宁夏、安徽、云南和河南，合计占全国的 25.3%。按照可开发数量计算，全国人均为 246t（标准煤）。以大区论，西北地区为 695t（标准煤），华北地区为 682t（标准煤），西南地区为 367t（标准煤）；分省区来看，西藏、宁夏、内蒙古、新疆、山西人均超过 1000t（标准煤），青海、云南人均超过 500t（标准煤），可算为富裕省区。另外，广东、浙江、江苏、江西、福建、吉林、广西人均为 80t（标准煤）以下，可视为极贫乏省区。

我国石油、天然气资源主要集中在东北地区、华北地区（包括山东）和西北地区，约占全国已探明储量的 86%，集中程度高于煤炭。水能资源的分布主要是在西南部和中南部，占全国可开发资源量约 3.7 亿千瓦的 93.2%，其中西南部占 67.8%。我国太阳能资源主要集中在西藏、青海、新疆、甘肃、宁夏和内蒙古，这些地区的总辐射量和日照时数均为全国最高，属于世界太阳能资源丰富地区之一。

我国的风能资源主要集中在长江到南澳岛之间的东南沿海及其岛屿，包括山东、辽东半岛、黄海之滨，南澳岛以西的南海沿海、海南岛和南海诸岛，内蒙古从阴山山脉以北到大兴安岭以北，新疆达坂城和阿拉山口，河西走廊，松花江下游，张家口北部等地区以及分布在各地的高山山口和山顶。我国的地热能分布广泛，主要分布在松辽盆地、华北盆地、江汉盆地、渭河盆地等，以及众多山间盆地如太原盆地、临汾盆地、运城盆地等，还有东南沿海地区包括福建、广东、江西、海南岛等。我国海洋能的分布也是不平衡的，在全国沿岸的分布，以浙江为最多，约占全国的 1/2 以上。此外，我国台湾、福建、辽宁等省的沿岸海洋能资源也较多，约占全国总量的 42%。

1.1.2.2 能源资源分布同消费存在一定脱节

从能源种类或能源总体情况来看，能源分布与消费区的分布很不一致。尽管在能源相对贫乏的地区仍在努力进行资源勘探并继续加大开发强度，然而主要经济发达地区几乎都是能源相对贫乏地区。例如，华东地区的三省一市（江苏、浙江、安徽、上海），能源资源只占全国总量的 5.4%，虽然通过加大两淮、徐州等煤田的建井规模和较充分地开发浙江地区的水电资源，一次能源生产的比重仍只占全国的 4.2%，而能源消费量却要占到全国的 11.4%。华南地区的情况同样突出，该地区能源资源、生产量与消费量分别占全国总量的 2.3%、2.6% 和 7.0%。华中地区的能源消费量也超过生产量。以上三区合计要消费全国能源量的 1/3，其供需缺口主要靠华北地区甚至东北地区加以解决，往往需要通过长途运输才能基本解决。

1.1.3 我国能源发展的现状

1.1.3.1 能源生产及供应

（1）已形成较为完善的能源生产和供应体系 我国能源领域已包含煤炭、电力、石油、天然气、新能源或可再生能源等成熟的能源品类。据不完全统计，2018 年，全国一次能源生产总量 37.7 亿吨（标准煤），比上年增长 5%。2018 年原煤产量 36.8 亿吨，同比增长 4.5%；原油产量 1.89 亿吨，同比下降 1.3%；天然气产量 1602.7 亿立方米，同比增长 8.3%。不同能源品种的增长势头分化明显。

（2）能源供应结构清洁化进程加速 据不完全统计，在 2018 年能源生产结构中，原煤占 68.3%，原油占 7.2%，天然气占 5.7%，水电、核电、风电等占 18.8%。从十年间不同品种能源来看（表 1-1），原煤生产持续下降（除 2011 年外），2018 年占比较 2011 年下降 9.5%。原油生产总量占比持续下降（除 2015 年外），2018 年较 2009 年下降 2.2%。天然气、水电、核电、风电等清洁能源生产合计占比在 2016 年超过 20%，达到 22.2%。2017 年和 2018 年的清洁能源占比分别为 23.8% 和 24.5%。

⊡ 表 1-1 2009~2018 年中国能源生产结构

单位：%

年份	原煤	原油	天然气	水电、核电、风电
2009	76.8	9.4	4.0	9.8
2010	76.2	9.3	4.1	10.4
2011	77.8	8.5	4.1	9.6
2012	76.2	8.5	4.1	11.2
2013	75.4	8.4	4.4	11.8
2014	73.6	8.4	4.7	13.3
2015	72.2	8.5	4.8	14.5
2016	69.6	8.2	5.3	16.9
2017	68.6	7.6	5.5	18.3
2018	68.3	7.2	5.7	18.8

（3）能源贸易持续增长 2009~2018 年中国能源进出口情况如表 1-2 所示。从我国能源贸易情况看，煤炭（除 2014 年、2015 年外）、原油和天然气进口量均持续增加，出口量较小，与进口量有较大差距。

⊡ 表 1-2　2009~2018 年中国能源进出口情况

年份	煤炭/万吨		原油/万吨		天然气/亿立方米		电力/亿千瓦·时	
	进口	出口	进口	出口	进口	出口	进口	出口
2009	12584	2240	20365	507	76	32	60	174
2010	16310	1910	23768	303	165	40	56	191
2011	22220	1466	25378	252	312	32	66	193
2012	28841	928	27103	243	421	29	69	177
2013	32702	751	28174	162	525	27	75	187
2014	29120	574	30837	60	591	26	68	182
2015	20406	533	33550	287	616	33	62	187
2016	25543	879	38101	294	753	34	61.9	189.1
2017	27090	817	41957	486	956	35.4	83.8	194.7
2018	28123.2	493.4	46190.1	262.7	1260	34	56.88	209

1.1.3.2　能源消费情况

(1) 能源消费增速上升　我国能源消费总量连续多年位居世界前列。2018 年，我国能源消费总量为 46.4 亿吨（标准煤），比 2017 年增长 3.3%。其中，煤炭消费量增长 1.0%，原油消费量增长 6.5%，天然气消费量增长 17.7%，电力消费量增长 8.5%。天然气、水电、核电、风电等清洁能源消费量占能源消费总量的 22.1%，上升 1.3%。近十年来能源消费总量持续上升，2018 年较 2009 年能源消费总量增长了 38%；从增速看，从 2012 年开始，同比增速持续下降，至 2015 年开始回升。

(2) 清洁能源占比突破 20%，仍有发展空间　2018 年能源消费结构为：煤炭消费量占能源消费总量的 59.0%，比 2017 年下降 1.4%；天然气、水电、核电、风电等清洁能源消费量占能源消费总量的 21.2%。煤炭、石油能源消费约占我国一次能源消费总量的 70%~80%，呈下降趋势，2018 年，二者合计占比为 77.9%。石油消费比重持续上升，达到 18.9%。煤炭消费占比呈下降趋势，但煤炭短期内仍是我国主要能源来源。总体来看，在我国能源构成中：煤炭处于主体性地位；石油消费量高但产量低，供应主要依赖进口；清洁能源消费比重持续上升，发展潜力大。

(3) 我国能源消费总量居世界第一，化石能源占比偏高　根据 2018 年《BP 世界能源统计年鉴》统计（表 1-3），2017 年中国一次能源消费总量为 3132.2×10^6 t（油当量），美国为 2234.9×10^6 t（油当量），欧盟为 1689×10^6 t（油当量），位居前三名。印度和俄罗斯分别以 753.7×10^6 t（油当量）和 698.3×10^6 t（油当量）居于第四名和第五名。在一次能源消费结构中，中国和印度煤炭占比均超过 50%，主体能源地位明显。美国、欧盟、俄罗斯和日本均以油气为主要消费品种，合计占比均超过 60%。在加拿大和巴西能源消费结构中，水电占比较高，均超过 25%。从能源清洁度看，俄罗斯和加拿大清洁能源消费占比较高，分别为 64.8% 和 63.6%，而中国一次能源消费结构中清洁能源占比为 20.1%。

⊡ 表 1-3　世界一次能源消费前十名及其能源结构

国家和地区	一次能源消费总计（油当量）/10^6 t	分品种能源占比/%					
		石油	天然气	煤炭	核能	水电	可再生能源
中国	3132.2	19.4	6.6	60.4	1.8	8.3	3.4
美国	2234.9	40.9	28.4	14.9	8.6	3.0	4.2
欧盟	1689	38.2	23.8	13.9	11.1	4.0	9.0
印度	753.7	29.5	6.2	56.3	1.1	4.1	2.9

续表

国家和地区	一次能源消费总计（油当量）/10⁶t	分品种能源占比/%					
		石油	天然气	煤炭	核能	水电	可再生能源
俄罗斯	698.3	21.9	52.3	13.2	6.6	5.9	0
日本	456.4	41.3	22.1	26.4	1.4	3.9	4.9
加拿大	348.7	31.1	28.5	5.3	6.3	25.8	3.0
德国	335.1	35.8	23.1	21.3	5.1	1.3	13.4
韩国	295.9	43.7	14.3	29.2	11.4	0.2	1.2
巴西	294.4	46.1	11.2	5.6	1.2	28.4	7.5

1.2 新能源

1.2.1 新能源的特点

新能源一般是指采用新技术和新材料获得的，在新技术基础上加以开发利用的可再生能源，包括生物质能、电池能、核能、可燃冰、氢能、太阳能、地热能、风能、海洋能等。新能源涉及的领域和范围很广。由于常规能源有限和环境问题的日益突出，以环保和可再生为特点的新能源越来越受到各国的重视。

1.2.1.1 新能源技术的应用特点

（1）低碳　新能源技术在实际应用中表现出较为明显的低碳特点，能够较好地实现对于碳排放的有效控制，降低碳排放强度。相对于传统煤炭、石油等能源的应用，新能源技术能够更好地提升其低碳价值，有效地改善和保护生态环境。

（2）可持续性　新能源技术在当前社会发展中的有效应用，主要体现在较强的可持续发展方面，这也是当前我国社会发展的一个重要战略目标。随着能源短缺问题的日益严重，降低对传统不可再生能源的依赖也就显得极为重要，应该大力围绕新能源进行充分开发，以确保新能源能够较好地替代传统能源。

（3）不确定性　加大对新能源技术的投入和研究正在成为发展趋势，但新能源技术应用时存在的不确定性同样也是比较明显的。因为目前很多新能源技术的应用并不是特别成熟，存在较为明显的高风险。这种技术不成熟带来的不确定性，也需要在未来发展中予以充分关注，确保其能够在实际研究和推广中体现出更强的高回报性。

1.2.1.2 新能源在能源供应中的作用

（1）发展新能源是建立可持续能源系统的必然选择　可持续发展必须同时满足三个条件：一是在资源上是丰富的、可持续利用的和能够长期支持社会和经济发展，及时满足人类对能源的需求；二是在品质上是清洁的、低排放或零排放的，不对环境构成威胁；三是在技术经济上是人类社会可以接受的，能带来更好的经济效益。就真正意义上的可持续发展能源系统而言，应该是有利于改善和提高人类生活水平，并能促进社会、经济和生态环境协调发展的系统。关于新能源符合可持续发展的基本要求，通常包括以下内容。

① 资源丰富，分布广泛，具备替代化石能源的良好条件。以中国为例，从近年的数据

来看，在现有科学技术水平下，仅通过太阳能、水能和生物质能等资源，一年内可获得的资源总量大约是 2000 年全国能源消耗总量的 5.6 倍，煤炭消耗量的 8.3 倍，而且这些资源绝大多数是可再生、洁净的能源，既可以长期利用，又不会对环境造成严重污染。

② 技术逐步趋于成熟，作用日益突出。目前我国在新能源利用领域已经取得了长足进步，生物质能、太阳能、风能以及水力发电、地热能等领域的利用技术已日臻成熟。主要表现在：能量转换效率不断提高；技术可靠性进一步改善；技术系统日益完善，稳定性和连续性不断提高；产业水平不断提高，已涌现出一批商业化技术；规模逐渐增大，成本有进一步降低的趋势。

③ 经济可行性不断得到改善。如果仅就能源经济效益而言，目前许多新能源技术尚达不到常规能源更为成熟的技术水平，在经济上较缺乏竞争力，但在某些特定的地区和应用领域已表现出一定程度的市场竞争力，如小水电、地热发电、太阳热水器、地热采暖技术、微型光伏系统等。

(2) 发展新能源对维护我国能源安全意义重大　我国目前的能源结构仍以煤炭为主，这是造成我国能源效率较低、环境污染严重的重要原因之一。因此，优化能源结构、改善能源布局已成为我国能源发展的重要目标之一。尤其是在具有丰富可再生资源的地区，可以充分发挥当地的资源优势，如利用西部地区和东南沿海的风能资源，既可以较显著地改善这些地区的能源结构，还可以缓解经济发展给周边环境带来的压力。

此外，可再生能源基本属于就地开发，其开发和利用过程不易受到外部因素的影响。通过一定的工艺技术，不仅可以将新能源转化为电力，还可以直接或间接地转化为液体燃料，如乙醇燃料、生物柴油、氢燃料等，可以为各种移动设备提供能源。因此，建立多元化的能源结构，不仅可以满足经济对能源的需求，而且有利于丰富能源供应渠道、保障能源供给安全。

(3) 发展新能源是减少温室气体排放的重要手段　发展可再生能源之所以具有巨大的效益，其中重要的一点就是可再生能源的开发和利用很少或几乎不会产生对大气环境有危害的气体，这对减少二氧化碳等温室气体的排放十分有利。减少温室气体排放是全球环境保护与可持续发展的重要课题。我国作为一个高质量发展的大国，努力降低化石能源在能源消费结构中的比重，减少温室气体排放，对于树立良好的国家形象是必要的。因此，从减少温室气体排放、承担减缓气候变化的国际义务出发，还应进一步加快我国新能源开发与利用的步伐。

1.2.2　新能源的种类

新能源通常主要包括以下几类：

(1) 生物质能　生物质能是指由生物的生长和代谢所产生的物质（如动物、植物、微生物及其排泄代谢物）所蕴含的能量。生物质能主要来源于农林业残余物、城市垃圾、工业废弃物和能源作物，它直接或间接地来源于植物的光合作用，其蕴藏量极大。据估算，蕴含的能量相当于全世界能源消耗总量的 10～20 倍。同时，在各种可再生能源中，生物质是唯一一种可再生的碳源，可转化成常规的固态、液态和气态燃料。

(2) 太阳能　太阳能直接来自太阳辐射，是一种巨大且对环境无污染的能源，被认为是未来人类最合适、最安全、最绿色、最理想的替代能源。太阳能的主要利用方式有光-热转换、光-电转换和光-化转换等。中国蕴藏着丰富的太阳能资源，太阳能利用前景广阔。目前中国太阳能产业规模已位居世界第一，同时也是全球太阳能热水器生产量和使用量最大的国家。

（3）氢能　氢能是指氢气所含有的能量，是一种二次能源。氢能是人类能够从自然界获取的储量丰富且高效的能源，具有无可比拟的潜在开发价值。氢能可以通过氢气燃烧或者燃料电池来获得所需的能量。

（4）可燃冰（可燃冰）　其化学式为 $CH_4 \cdot xH_2O$，是分布于深海沉积物或陆域的永久冻土中，由天然气与水在高压、低温条件下形成的类冰状的无色结晶物质。其外观像冰一样，遇火即可燃烧。可燃冰热值高，且燃烧后仅排放出二氧化碳和水，是石油、天然气之后更佳的替代能源。

（5）风能　太阳辐射的能量到达地球表面时约有 2% 转化为风能，风能是地球上自然能源的一部分。广义上的风能是空气的动能，是指风所负载的能量，由太阳辐射所提供。因冷热不均产生气压差异，导致空气水平运动形成风。风速和空气的密度决定风能的大小。

（6）水能　水能是一种可再生的清洁能源，是指水体的动能、势能、压力能等能量资源。水能是由太阳辐射转化而成。广义的水能资源包括河流水能、潮汐水能、波浪能、海流能等能量资源；狭义的水能资源是指河流的水能资源。水能是一种可再生能源。

（7）地热能　地热能是地球内部所包含的热能，它有两种不同的来源：一种来自地球外部；另一种来自地球内部。地球表层的热能主要来自太阳辐射，表层以下约 $15\sim30m$ 的范围内，温度随昼夜、四季气温的变化而交替发生明显的变化，这部分热能称为"外热"。从地表向内，太阳辐射的影响逐渐减弱，到一定深度，这种影响消失，温度终年不变，即达到所谓"常温层"。从常温层再向下，地温受地球内部热量的影响而逐渐升高，这种来自地球内部的热能称为"内热"。相对于太阳能和风能的不稳定性，地热能是较为可靠的可再生能源。

（8）海洋能　海洋能是海洋中蕴藏的各种能量的总称。海洋能源来自月球、太阳等星球的引力及太阳辐射等。海洋能的潜在能量很大，且比风能和水能稳定。海洋能的主要利用方式是发电，包括潮汐能发电、海流发电、波浪发电、海洋温差发电等。

1.2.3　新能源产业

1.2.3.1　我国新能源产业的发展规模

目前国内新能源产业多数用于发电，以满足生产经营活动和日常居民用电的需要。2018年，我国可再生能源发电量达到 1.9×10^4 亿千瓦·时。其中，水电为 1.2×10^4 亿千瓦·时，风电为 3660 亿千瓦·时，光伏发电为 1775 亿千瓦·时，生物质发电为 906 亿千瓦·时。此外，2018 年中国可再生能源发电装机达到 7.28 亿千瓦，与 2017 年相比，增长 12%。其中，水电装机 3.52 亿千瓦、风电装机 1.84 亿千瓦、光伏发电装机 1.74 亿千瓦、生物质发电装机 1.781 万千瓦，与 2017 年相比，分别增长 2.5%、12.4%、34% 和 20.7%。可再生能源的清洁能源替代作用日益凸显。

（1）生物质能　中国农村地区可以利用的生物质能十分丰富，如沼气池产生的甲烷气体，可以很好地解决农村地区燃气和用电问题。我国生物质能行业得到了较快和较好的发展，2020 年我国生物质发电总装机容量预计将达到 1500 万千瓦，年发电量达到 900 亿千瓦·时。

（2）太阳能　太阳能在近十年间发展迅猛，正在成为朝阳产业。例如，2018 年底全国光伏发电达到 1.74 亿千瓦，较上年新增 4426 万千瓦，同比增长 34%。中国太阳能发展起步较晚，但发展迅速，中国目前是世界上太阳能发电量最大的国家，同时拥有多个大型太阳能发电厂，这标志着我国已经进入全球太阳能强国行列。

（3）风能　我国 2015 年累计风电装机容量超过 9637 万千瓦，较 2014 年横向增幅达到 25%，实现累计风电装机容量超过 9000 万千瓦。2018 年，我国风电新增并网装机 2059 万千瓦，同比提升 37%，继续保持稳步增长势头。此外，风电利用水平明显提升，再一次实现了弃风量、弃风率的"双降"。2018 年，我国风电平均利用小时数为 2095h，与 2017 年相比增加 147h；全年弃风电量 277 亿千瓦·时，与 2017 年相比减少 142 亿千瓦·时。

（4）核能和地热能　目前我国核电站的在建规模达到了全球第一。同时，我国的地热能也得到了全面发展，2010 年，我国浅层地热能年利用量已高居全球第二，2015 年一跃成为世界浅层地热能利用量最大的国家。

（5）水能　截至 2018 年底，据不完全统计，中国水力发电量约为 1.2 亿千瓦·时，水电总装机容量约 3.5 亿千瓦，双双继续稳居世界第一。我国大陆已建 5 万千瓦及以上大中型水电站约 640 座，总装机容量约为 2.7 亿千瓦。

1.2.3.2　新能源产业发展中存在的问题

新能源行业属于战略型新兴行业，我国新能源产业仍然面临一些困难。首先，新能源转换电能过程往往需要高标准、高质量的设备投入、高额资金和高新技术。当前国内新能源产品尚未有完整的标准体系，缺乏技术创新能力，造成设施建设难度大，甚至导致最终电价过高。例如，在我国太阳能发电的投入中，1kW 大概需投入 7000～10000 元，上网用电价格 1kW·h 为 1 元左右，比火电要贵；国内的陆地风力发电投入与火电发电投入相差不多，但海上风力发电投入大概是陆地风电投入的 2 倍。

其次，还存在一些产能过剩的问题。我国在新能源行业刚起步的时候，因为行业规划不科学，一味追求创新、过度重视新能源的使用，最终导致过剩的产能无法进入市场，难以收回投资。尤其是风能行业和太阳能光伏发电行业的成长速度太快，已经出现了产能过剩问题。

此外，"弃光""弃风"等问题有待处理。受地方电网框架约束，还存在一些外送传输发展滞后、不少地方尚未创建健全的保护可再生资源优先调度的电力发展体制等，进而产生一些"弃光""弃风"等问题。中国陆地风电资源大多布局于北部地区，太阳能资源基本处在我国的西部地区，离东南地区用电承载核心区域较远。此外，风电与光伏发电的电源还存在大量不稳定因素，需要和其他调节功能更优的电源系统协调运作，方可确保供电水平与电网的平稳运行。总之，发电投入高、对外输出电经济性弱、简单性和间歇性电能水平低，成为限制新能源行业发展的主要因素。

再者，核电安全难题不可忽视。核能是一种清洁能源，到目前为止用来发电的历史已有 60 多年，技术比较成熟。但由于核燃料在核反应过程中产生大量能量，在利用此能量的同时还存在着很大的隐患。同时，核燃料的放射性非常强，不利于身体健康，一旦出现核泄漏，会给核电站附近的空间带来巨大危害。例如，美国的三里岛核电站泄漏事故、苏联的切尔诺贝利核电站事故以及2011年的日本福岛核泄漏事故都给全球的核电产业发出了警示，采取严格的防范措施是推动核电事业平稳发展的基础和保障。

最后，还要注意融资方面的问题。新能源产业是高技术、高风险产业。新能源产业的发展周期主要有以下几个层面：研发期、建设期、成长期和成熟期。尤其是在建设初期，以及新产品的开发时期，投入大量资金后往往无法在很短的时间内取得相应回报。此外，还存在一些盲目投资的情况。

1.2.4 我国新能源产业发展趋势

1.2.4.1 新能源度电成本将持续降低，平价上网可期

近年来，随着我国新能源产业链逐步实现国产化，设备技术水平和可靠性不断提高，产业规模不断扩大，新能源成本持续降低。据统计，2017年我国光伏发电系统投资成本降至约5元/W，成本降至0.5~0.7元/kW·h，比2010年下降约78%，低于全球平均水平。陆上风电成本约为0.43元/kW·h，比2010年下降7%，已非常接近火电电价。未来随着新能源关键设备成本的下降，以及电网接入、土地租金、融资成本、税费等非技术成本的下降，新能源技术度电成本将持续降低。国家提出的2020年风电在发电侧平价上网、光伏发电在用户侧平价上网的目标基本上可以实现。

1.2.4.2 新能源国内区域发展特点明显

政策和资源是影响我国新能源产业布局的重要因素。在区域政策和资源影响下，我国新能源产业集聚特征显现，已初步形成了以环渤海区域、长三角区域、西南地区、西北地区等为核心的新能源产业集聚区。依托区域产业政策、资源禀赋和产业基础，各集聚区新能源产业发展迅速，特色明显。其中，长三角区域是我国新能源产业发展的高地，聚集了全国约1/3的新能源产能；环渤海区域是我国新能源产业重要的研发和装备制造基地；西北地区是我国重要的新能源项目建设基地；西南地区是我国重要的硅材料基地和核电装备制造基地。

1.2.4.3 新能源行业国际合作态势非常明显

我国新能源产业参与国际合作将面临有利的机遇和市场空间：一是由于发达经济体中有些国家的能源政策面临调整，新能源比重上升，而发展中国家能源增量需求较大，全球新能源行业增长迅速；二是当前全球能源行业正处于转折点，国际能源合作从以偏重传统化石能源开采的合作，开始向以低碳、清洁化为导向的能源经济产业链转变，新能源的国际合作成为重点；三是我国新能源企业"走出去"的时机已经成熟，尤其是"一带一路"倡议的提出，为我国参与国际能源合作提供了良好的机遇。随着"一带一路"建设的推进和境外投资进一步便利化，我国新能源产业参与国际合作的态势会更加明显。

1.2.4.4 新能源国际贸易摩擦日益增多

受发电成本下降、全球经济复苏放缓、页岩气大规模开采等因素的影响，发达国家纷纷下调风能、太阳能等新能源补贴，竞争加剧和政策氛围趋紧导致国际新能源市场动荡，贸易保护主义开始渗透到新能源产业。总体来看，2005年之前，新能源领域的国际贸易规模较小，较少出现贸易争端；近年来新能源产品和设备贸易摩擦不断，严重干扰了新能源产业的

国际贸易秩序。随着中国光伏、风电产品设备出口规模迅速扩大,再加上以美国为首的发达国家贸易保护主义的抬头,中国新能源企业将面临严峻考验。

1.2.4.5 新能源行业内新模式、新业态将大量涌现

随着我国新一轮电力体制改革的深入推进,再加上大数据、能源互联网、物联网、智慧能源、区块链技术、人工智能等相关能源科技的创新发展,未来新能源行业将会催生很多不同于以前传统的企业模式,其经营方式也会发生很大改变。例如,新兴的互联网技术与新能源产业相结合将给新能源行业带来颠覆性变革;再如,在电动汽车、灵活性资源、绿色能源交易、能源大数据与第三方服务等领域内,已经出现多种企业创新模式,正在重塑新能源行业的商业模式,推动新能源市场开放和产业升级,形成新的经济增长点。

1.2.4.6 新能源行业发展更需补贴之外的其他支持

我国新能源行业之所以短期内取得如此大的成绩,与国家的大力支持是分不开的,尤其是采取的价格、财政补贴政策和税收优惠政策等经济激励型政策,在解决新能源产能成本过高、市场需求薄弱、提升产业竞争力等问题中发挥了巨大的作用。未来随着新能源市场的扩大、技术的成熟和成本的降低,新能源行业尽管仍需要政策的支持,但不仅仅是依靠以财政和价格为核心的补贴支持,更需要政府补贴之外的其他政策支持。例如,需要政府在产业发展上作出合理的长远规划;进一步深化电力体制改革,统筹布局;确定相关的行业标准,引导产业合理发展;积极培育新能源行业的现实竞争力,理顺消费转型等各种关系;最大限度地保护和支持产业发展,帮助行业规避经营风险。

1.2.4.7 过剩矛盾比较突出,供给侧结构性改革仍需推动

在众多传统产业产能过剩的背景下,当前我国新能源产业虽正处在成长期,但也出现产能"过剩"现象。其中,既有客观原因,也有主观因素。例如,从新能源产业成为战略性新兴产业后,在政策的大力扶持下,很多地方和企业在利益的驱动下大规模投资新能源产业,导致出现"一哄而上、混乱发展"的局面。此外,新能源产业发展主要是沿用过去加工贸易的传统模式,两头在外,产业集中在产品加工制造环节。西方发达国家为保护国内能源产业,采取各种措施限制我国新能源产品在国外的销售。在尚未发育良好的国内市场开发和国外市场萎缩的双重压力下,很多企业通过提高规模经济,降低产品成本和价格来抢占市场,形成恶性循环,最终导致产能过剩。因此,未来在新能源产业内应积极推进供给侧结构性改革,着力改善产能过剩的矛盾,势在必行。

1.2.4.8 跨界进军新能源行业增多,单一能源企业向综合性能源企业转变

基于新能源未来发展前景,近年来诸多国际油气公司纷纷调整发展战略,进军新能源行业,以实现从油气公司向综合性能源公司的转变。从各大公司的新能源战略布局来看,各大公司在风能、太阳能、生物质能、地热能、氢燃料以及储能技术各大业务板块,各有侧重,取得了不同程度的竞争优势。在国内,中石油、中石化、中海油三大石油石化公司也较早就进入了新能源行业,加大力度推进清洁能源的开发和生产。例如,中石油侧重发展生物质能源产业;中石化高调进军甲醇开发;中海油重点发展海上风力发电等。总之,未来将有更多的传统能源企业或非能源企业跨界进军新能源行业,单一能源企业将向综合性能源企业进行转变,以培育新的业绩增长点,提高抵

抗市场风险的能力。

本章小结

　　本章介绍了能源的概念和分类、我国能源的分布及能源产业的发展现状和新能源产业的发展趋势。能源资源分布的不平衡性和与消费分布脱节是制约我国能源产业均衡发展的重要因素。我国新能源产业虽有所发展，但传统能源（煤和石油）所占比例仍然很高。

　　新能源具有低碳和可持续性的特性。新能源产业发展存在着高技术投入、风光产能过剩、核能安全和融资方面的问题，并呈现明显的区域性和国际合作性。发展新能源生产对实现资源、能源、环境的协调，促进可持续发展意义重大。

第2章

生物质能

2.1 生物质能概述

2.1.1 生物质能及其特点

2.1.1.1 生物质能

生物质是指绿色植物利用大气、水、土地等通过光合作用而产生的各种有机体，即一切有生命的可以生长的有机物质，它包括植物、动物和微生物。广义上生物质包括所有的植物、微生物以及以植物、微生物为食物的动物及其生产的废弃物。狭义上生物质主要是指农林业生产过程中除粮食、果实以外的秸秆、树木等木质纤维素；农产品加工业下脚料；农林废弃物及畜牧业禽畜粪便和废弃物等物质。

生物质能就是太阳能以化学能形式储存在生物质中的能量，即以生物质为载体的能量。它直接或间接地来源于绿色植物的光合作用，可转化为常规的固态、液态和气态燃料，是一种取之不尽、用之不竭的可再生能源，同时也是唯一一种可再生的碳源。有机物中除矿物燃料以外的所有来源于动植物的能源物质均属于生物质能，通常包括木材、森林废弃物、农业废弃物、水生植物、油料植物、城市和工业有机废弃物、动物粪便等。生物质能的原始能量来源于太阳，生物质能可以看成是太阳能的一种表现形式。

依据来源的不同，将生物质分为林业资源、农业资源、生活污水和工业有机废水、城市固体废物和畜禽粪便等五大类。

（1）林业资源 林业生物质资源是指森林生长和林业生产过程提供的生物质能源，包括：薪炭林，在森林抚育和间伐作业中的零散木材，残留的树枝、树叶、木屑等；木材采运和加工过程中的枝桠、锯末、木屑、梢头、板皮、截头等；林业副产品的废弃物，如果壳、果核等。

（2）农业资源 农业生物质资源包括：农业作物（包括能源作物）；能源植物泛指用以提供能源的植物，主要包括草本能源植物、油料作物、水生植物等；农业生产过程中的废弃物，如农作物收获时残留在农田内的秸秆（玉米秸、高粱秸、麦秸、稻草、豆秸、棉秆等）；农业加工业的废弃物，如稻壳、麦糠等。

（3）生活污水和工业有机废水　生活污水主要由城镇居民生活、商业和服务业的各种排水组成，如冷却水、洗浴排水、盥洗排水、洗衣排水、厨房排水、粪便污水等。工业有机废水主要是酿酒、制糖、食品、制药、造纸及屠宰等行业生产过程中排出的废水等，其中都富含有机物。

（4）城市固体废物　城市固体废物主要由城镇居民生活垃圾，商业、服务业垃圾和少量建筑业垃圾等固体废物构成。其组成成分比较复杂，会受到当地居民的平均生活水平、能源消费结构、城镇建设、自然条件、传统习惯、季节变化等因素的影响。

（5）畜禽粪便　畜禽粪便是畜禽排泄物的总称。它是其他形态生物质（主要是粮食、农作物秸秆和牧草等）的转化形式，包括畜禽排出的粪便、尿以及其与垫草的混合物。

2.1.1.2　生物质能的特点

生物质由碳、氢、氧、氮、硫等元素组成，是空气中的 CO_2、水和太阳光光合作用的产物，具有挥发分高、炭活性高、灰分低等特点。生物质能具有以下优点。

（1）可再生性　生物质通过植物的光合作用可以再生，属于可再生能源。

（2）低污染性　生物质硫、氮含量低，灰分含量少，燃烧产生的二氧化硫、氮氧化物和灰尘排放量少。

（3）广泛分布性　生物质分布广，资源丰富，地球上每年经光合作用产生的物质约有1730 亿吨，蕴含的能量相当于全世界能源消耗总量的 10～20 倍。

（4）碳中性　"碳中性"是指能源在生产及使用过程中达到的 CO_2 排放平衡。植物生产所需要的 CO_2 相当于燃烧放出的 CO_2，因此可有效降低温室效应。

（5）多样性　生物质的来源是各种动植物，其能源产品丰富多样，包括热、电、生物醇、生物柴油、成型燃料、沼气以及生物化工产品等。但其也具有能量密度低、收集成本高、季节性强等不足之处。

2.1.2　我国生物质能发展

2.1.2.1　生物质利用状况

生物质能源的利用与开发是世界重大热门课题之一，许多国家都确定了相应的开发、研究计划，如日本的阳光计划、印度的绿色能源工程、美国的能源农场、巴西的乙醇能源计划等。美国、瑞典和奥地利三个国家生物质转化为高品位能源的利用，分别占该国一次能源消耗量的 4%、6% 和 10%。在美国，生物质能发电的总装机容量已经超过10GW，单机容量达到 10～25MW；美国利用纤维素废料生产乙醇技术建立了 1MW 的稻壳发电示范工程，年产乙醇 2500t。巴西的乙醇燃料已经占该国汽车燃料消费量的 50% 以上。2015 年，全球生物质及垃圾发电量已达到 3900 亿千瓦·时，全球生物质能发电市场年收益达 300 亿美元以上。

生物质能源是我国新能源开发和利用发展的重点。早在 2006 年底，全国就已经建成农村户用沼气池约 1870 万座，生活污水净化沼气池约 14 万座，畜禽养殖场和工业废水沼气工程 2000 多处，年产沼气约 90 亿立方米，为近 8000 万农村人口提供了优质生活燃料。2007年出于粮食安全考虑，我国将生物柴油产业的主要原料来源由大豆等农作物转向林业中乔灌木油料作物。同年中石油与国家林业和草原局签订了合作发展林业生物质能源的协议，在贵州、湖北、江西启动了大批林业生物质能项目建设。2011 年末，中石油就已具备年产 55 万吨非粮燃料乙醇、5万吨乙酸乙酯、20万吨林业生物柴油的生产能力，总量达到全国产量的40%以上。随着我国生物质能产业技术向非粮化生物质的创新转型，生物质能产业模式将成为实现化石能源替代的战略选择和保障能源安全的清洁能源基础，为我国经济发展提供创造中国特色农业和城乡经济统筹发展的新契机。

面对全球性减少化石能源消耗，控制温室气体排放的形势，利用生物质能资源生产可替代化石能源的可再生能源产品，已成为我国应对全球气候变暖和控制温室气体排放问题的重要途径之一。我国能源发展"十三五"规划提出：积极发展生物质液体燃料、气体燃料和固体成型燃料；推动沼气发电、生物质气化发电，合理布局垃圾发电；有序发展生物质直燃发电、生物质耦合发电，因地制宜发展生物质热电联产。

2.1.2.2 生物质能源发展中存在的问题

(1) 重视不够　生物质能源在可再生能源中是最重要的，但相比而言，它的产业化程度、发展规模都是较差的。生物质能源的重要性主要体现在以下几点：

① 我国是地少人多的国家。农林剩余物、城市垃圾等废弃物是生物质资源的主要来源，随着国家 CO_2 排放标准的提高，生物质的能源化利用可成为积极和有效的解决手段。

② 我国化石能源短缺。其中，最缺少液体燃料，而液体燃料可以利用生物质进行转化。

③ 生物质能的各个生产阶段都是可以人为干预的。风能、太阳能基本只能"靠天吃饭"，发电必须配合调峰，而生物质能源则不需要，甚至可以为其他能源提供调峰。

④ 生物质原料需要收集。例如建设一座2500万～3000万千瓦的电厂，在原料收集阶段农民获得的收入约有5000万元至6000万元。

除了客观上发展规模受限以外，由于对生物质能的认识各不相同，对其投资的额度与某些地方的GDP增长目标不太相符；资源的分散性会导致生物质能源在一地或某处的投资整体规模偏小，技术投入不足。相比于煤炭、石油、天然气这些传统能源，生物质能源在技术和资金上的投入显然要低得多。

(2) 补贴门槛过高　出于对生物质能源的支持，尽管国家采取了多种补贴手段，但补贴门槛过高，手续烦琐、先垫付后补贴也困扰着不少企业；如果规模太小，补贴监管成本也会较高。在补贴方式上也存在一定缺陷，整个机制尚缺乏能源主管部门、技术部门的积极参与。

(3) 布局不合理　企业要建多大产能为好？对于这一问题，没有最好的答案，只有最适合的答案。比如苏南地区每人只有几分地，这些地方就没法建设大厂，但东北垦区就比较适合建大型生物质电厂。有条件扩大规模，成本才会低，效益才会高。建生物质能电厂首先要考虑可持续发展，如果原料分散，就需要分散性地加以利用。

总之，尽管我国的生物质能源技术与国外相比有一定差距，但借助目前的技术再加上国家的补贴还可以维持正常的产业化生产和经营。此外，生物质能源的技术投入还很小，从宏观方面来说，一些大的企业往往控制着部分生物质能源的终端，也在一定程度上限制了中小企业的技术投入。

2.1.2.3 我国生物质产业的发展前景和主要途径

(1) 发展前景　我国是农业大国，生物质资源非常丰富。据粗略统计，我国每年有7亿吨作物秸秆、1.27亿吨薪柴、2亿吨林地废弃物、25亿吨畜禽粪便及大量有机废弃物产生。另外，每年有1000多万公顷农田因覆盖塑料地膜而导致土壤肥力衰退，尚有1亿多公顷不宜垦为农田。这些数据均说明生产与环境友好和高附加值的能源及生物化工产品的生物质产业开发利用潜力巨大，发展前景十分广阔。

从长远发展战略来看，解决"三农"问题、保护环境与改善生态、舒缓能源瓶颈、建设节约型社会和发展循环经济，都需要新兴的生物质产业。发展生物质产业不仅有利于发展我国农业、解决能源短缺和环境污染问题，而且为建设社会主义新农村和节约型社会、提高农民收入提供了新思路，具有重要的社会、经济的现实意义。

（2）主要途径　综合世界各国生物质能发展技术并结合我国实际情况，我国生物质能的发展途径有：一是利用热化学转换技术以获得木炭、焦油、可燃气体等高品位的能源产品，按热加工的方法不同，可分为高温干馏、热解、生物质液化等方法；二是利用生物化学转换法，即生物质在微生物的发酵作用下，生成沼气、乙醇等能源产品；三是利用直接燃烧技术，包括炉灶燃烧、锅炉燃烧、致密成型、垃圾焚烧等技术。

① 热化学转化技术方面。我国开展了生物质气化技术的研究工作，并取得了一系列卓有成效的研究成果。例如，我国已用或商品化的气化炉和气化系统有：中国科学院广州能源研究所的 GSQ-1100 大型装置；中国农业机械化科学研究院（中国农机院）的 ND 系列装置和 HQ-280 型装置；山东省能源研究所的 XFL 系列装置。此外，秸秆气化集中供气系统解决了秸秆的有效利用问题，可将秸秆转换为高品位能源，降低了成本。目前全国已经建设和推广了一百多项示范工程。

② 生物化学转化技术方面。沼气发酵是利用有机废弃物，如农作物秸秆、粪便、有机废水等转化为气体燃料。这一过程通常分为 3 个阶段：水解阶段、产氢气产乙酸阶段和产甲烷阶段。沼气发酵装置在处理高含水有机废物方面是非常有用的。沼气发酵系统与农业结合十分密切，能有效地促进农村经济的发展，保护农村生态环境，使农业发展走可持续发展之路。填埋垃圾制取沼气也是处理城市生活垃圾、有效利用生物质能的主要方法。

③ 直接燃烧技术方面。利用致密成型技术，压制成型后的燃料密度可达 1200kg/m³，热值约 16MJ/kg，含水率在 12% 以下，体积缩小为原材料的 1/8～1/6。成型燃料热性能优于木材，与中质混煤相当，而且点火容易，便于运输和储存，可作为生物质气化炉、高效燃烧炉和小型锅炉的燃料。目前国内已开发完成的固化成型设备有棒状成型机和颗粒状成型机，其生产能力为 120～300kg/h。但是，生物质压实技术所需压实成型设备，尤其是高压成型设备价格昂贵，增加了生物质能的成本，限制了生物质能的利用。

2.1.2.4　中国生物质能应用技术的展望

预计将来世界能源消费的 40% 将来自生物质能，我国农村能源的 70% 将是生物质。目前，我国已有一批长期从事生物质转换技术研究开发的科技人员，初步形成了具有中国特色的生物质能研究开发体系，对生物质转化利用技术从理论上和实践上进行了广泛研究和探索，取得了一批具有较高水平的研究成果，部分技术已经实现产业化。我国生物质能应用技术主要包括以下几个方面：

① 高效直接燃烧技术和设备。我国大多数居民居住在乡村和小城镇，其生活用能的主要方式仍然是直接燃烧。剩余秸秆、稻草等松散型物料是农村居民的主要能源。因此，开发和研究高效的燃烧炉，提高使用热效率，仍将是需要解决的重要问题。把松散的农林剩余物进行粉碎分级处理后，加工成定型的燃料，在我国将会有较大的市场前景；家庭和暖房取暖用的颗粒成型燃料，也将成为我国生物质成型燃料的研发重点。

② 集约化综合开发利用。生物质能尤其是薪材不仅是很好的能源，而且可以用来制造木炭、活性炭、木醋液等化工原料。生物质能的集约化综合开发利用，既可以解决居民用能问题，又可以通过工厂生产的化工产品创造良好的经济效益。从生态环境和能源利用角度出发，建立能源材基地，实施"林能"结合工程，是切实可行的发展方向。

③ 生物质能的创新高效开发利用。随着科学技术的高速发展，生物质能的发展将依靠创新技术来实现更大发展。生物质能新技术的研究开发，如生物技术高效低成本转化应用、常压快速液化制取液化油、催化技术的研究以及生物质能转化设备（如流化床技术）等将是研究的热点。这些技术一旦获得突破性进展，将会大大促进生物质能的开发应用。

2.2 生物质能转化技术

生物质能的利用主要有直接燃烧、热化学转换、生物化学转换三种途径。生物质的直接燃烧在相当长的时间内仍将是我国生物质能利用的主要方式。生物质的热化学转换是指在一定的温度和其他条件下，使生物质气化、炭化、热解和催化液化，以生产气态燃料、液态燃料和化学物质的技术。生物质的生物化学转换包括生物质-沼气转换和生物质-乙醇转换等。沼气转换是有机物质在厌氧环境中，通过微生物发酵产生一种以甲烷为主要成分的可燃性混合气体即沼气；乙醇转换则是利用糖质、淀粉、纤维素等原料发酵制乙醇。

2.2.1 直接燃烧技术

(1) 直接燃烧技术的特点　生物质直接燃烧是将生物质燃烧时产生的能量主要用于发电或集中供热。生物质直接燃烧具有如下特点：①生物质燃烧所释放出的 CO_2 大体相当于其生长时通过光合作用所吸收的 CO_2，有助于缓解温室效应；②生物质的燃烧产物用途广泛，灰渣可以综合利用；③生物质燃料可与矿物质燃料混合燃烧，既可以减少运行成本，提高燃烧效率，又可以降低 SO_x、NO_x 等有害气体的排放浓度；④采用生物质燃烧设备可以快速地实现生物质资源的大规模减量化、无害化、资源化利用，而且成本较低，具有良好的经济性和开发潜力。

(2) 直接燃烧技术分类　生物质直接燃烧主要分为炉灶燃烧和锅炉燃烧。炉灶燃烧操作简便、投资较省，但燃烧效率普遍偏低，从而造成生物质资源的严重浪费；而锅炉燃烧采用先进的燃烧技术，把生物质作为锅炉的燃料燃烧，以提高生物质的利用效率，适用于相对集中、可以大规模利用的生物质资源。生物质燃料锅炉的种类很多，按照锅炉燃用生物质品种的不同可分为木材炉、薪柴炉、秸秆炉、垃圾焚烧炉等，按照锅炉燃烧方式的不同又可分为流化床锅炉、层燃炉等。

① 生物质直接燃烧流化床技术。国外采用流化床技术开发生物质能已具有相当的规模和一定的运行经验。美国爱达荷能源产品公司已经开发生产出能燃烧生物质的流化床锅炉，蒸汽锅炉出力为 4.5～50t/h，供热锅炉出力为 36.67MW。美国 CE 公司利用鲁奇技术研制

的大型燃废木循环流化床发电锅炉出力为 100t/h，蒸汽压力为 8.7MPa。美国 BW 公司制造的燃木柴流化床锅炉也于 20 世纪 80 年代末至 90 年代初投入运行。瑞典以树枝、树叶等林业废弃物作为大型流化床锅炉的燃料加以利用，锅炉热效率可达到 80%。丹麦采用高倍率循环流化床锅炉，将干草与煤以 6:4 的质量比送入炉内进行燃烧，锅炉出力为 100t/h，热功率达 80MW。

为提高锅炉燃烧效率，我国研究人员采用细砂等颗粒作为床料，以保证形成稳定的密相区料层，为生物质燃料提供充分的预热和干燥热源；采用稀相区强旋转切向二次风形成强烈旋转上升气流，加强高温烟气、空气与生物质物料颗粒的混合，促进可燃气体和固体颗粒进一步充分燃烧。哈尔滨工业大学分别与国内四家锅炉厂合作开发了一系列燃用甘蔗渣、稻壳、果穗、木屑等生物废料的流化床锅炉，投入生产后运行效果良好。根据稻壳的物理、化学性质和燃烧特性，设计出以流化床燃烧方式为主，辅之以悬浮燃烧和固定床燃烧的组合燃烧式流化床锅炉，并且为配合三段组合燃烧采取了四段送风方式。其优点在于：流化床中燃料颗粒的流化速度较低，有利于减少稻壳随烟气飞出流化床的量，延长了稻壳在床层的停留时间；提供了足够的悬浮燃烧空间，有利于挥发分中的可燃物在悬浮段进一步充分燃烧。通过试验研究证明，该锅炉具有流化性能良好、燃烧稳定、不易结焦等优点。在试验研究的基础上，与无锡锅炉厂合作设计开发了 35t/h 燃稻壳流化床锅炉。该锅炉设计的主要特点是：采用气力输送装置输送稻壳，不但输送量大，而且输送安全，避免了因给料机堵塞引起的给料中断现象；采用厚壁管的防磨环可以防止床层埋管的磨损，尾部加吹灰器吹风防止受热积灰；通过调整一、二次风风量大小与烟气再循环实现炉内风速的改变，扩大了锅炉的燃料适用范围。

② 生物质层燃技术。生物质层燃技术被广泛应用于农林业废弃物的燃烧。Benson 型锅炉采用两段式加热，由 4 个并行的供料器供给物料，秸秆、木屑可以在炉栅上充分燃烧，并且炉膛和管道内还设置有纤维过滤器以减轻烟气中有害物质对设备的磨损和腐蚀。通过对秸秆本身特性的分析研究，在秸秆直燃热水锅炉燃烧室的设计中，采用双燃烧室结构：第一燃烧室为主燃区，设置于炉膛前部；第二燃烧室为辅助燃区，设置于炉膛后部，两者由挡火板分开。该布置方式加强了秸秆与高温烟气、空气的相互混合，同时延长了物料在炉内燃烧的停留时间，确保秸秆燃烧充分、完全，取得了良好的运行效果。

刘皓等根据甘蔗渣的燃烧机理，研制出了一种采用闭式炉膛结构的甘蔗渣锅炉。该锅炉将燃烧室与辐射受热面分开布置，甘蔗渣在炉内进行半层燃半悬浮燃烧，既有助于甘蔗渣的着火和燃尽，又可以布置足够的受热面，满足了燃烧和传热两方面的要求；炉膛内布置"人"字形前后拱，通过前后拱的相互配合加强了高温烟气对甘蔗渣的辐射，有利于甘蔗渣的及时着火和稳定燃烧。甘蔗渣作为生物质燃料有一定的代表性，因此该炉型对稻壳、树皮等生物质燃料具有一定的通用性。

燃木屑、木粉、树皮等废料的层燃锅炉结构设计新颖：前墙及炉膛布置少量水冷壁管，保证炉膛具有较高的温度，以便木屑、木粉的燃尽；炉膛内布置有防爆门，防止木粉爆燃；锅炉为负压燃烧，保证木粉在燃烧时不向炉外喷火。锅炉投入运行后，经测试达到了预期的设计要求，为燃木屑、木粉等林业废弃物锅炉的开发设计提供了宝贵的经验。

(3) 生物质直接燃烧技术存在的问题 从国内外生物质直接燃烧技术的发展状况来看，流化床锅炉对生物质燃料的适应性较好，负荷调节范围较大。床内工质颗粒扰动剧烈，传热和传质工况十分优越，有利于高温烟气、空气与燃料的充分混合，为高水分、低热值的生物质燃料提供极佳的着火条件。同时，由于燃料在床内停留的时间较长，可以确保生物质燃料的完全燃烧，从而提高了燃生物质锅炉的效率。另外，流化床锅炉能够较好地维持生物质在850℃左右的稳定燃烧，所以燃料燃尽后不易结渣，并且减少了 NO_x、SO_x 等有害气体的生成，具有显著的经济效益和环保效益。

但是，流化床对入炉燃料颗粒的尺寸要求严格，因此需对生物质进行筛选、干燥、粉碎等一系列预处理，使其尺寸、状况均一化，以保证生物质燃料的正常流化。对于类似稻壳、木屑等密度较小、结构松散、蓄热能力比较差的生物质，就必须不断地添加石英砂等以维持正常燃烧所需的蓄热床料，燃烧后产生的生物质飞灰较硬，容易磨损锅炉受热面，并且灰渣混入石英砂等床料难以进行综合利用。此外，为了维持一定的流化床床温，锅炉的耗电量较大，运行费用也相对较高。

2.2.2 生物质气化技术

2.2.2.1 生物质气化技术的发展

生物质气化技术是将固体生物质置于气化炉内加热，同时通入空气、氧气或水蒸气，来产生品位较高的可燃气体。它的特点是气化率可达70%以上，热效率可达85%。生物质气化生成的可燃气经过处理可用于取暖、发电等不同用途，提高用能效率、节约能源，对于生物质原料丰富的偏远山区意义十分重大。

(1) 固定床气化发电技术　固定床气化炉分为上吸式固定床气化炉、下吸式固定床气化炉、横吸式固定床气化炉和开心式固定床气化炉。应用最广的气化炉大部分都是下吸式固定床气化炉，因为这种炉型产出的燃气焦油含量较低，净化相对简单，负压操作，便于加料；其原料为木片、可可壳、玉米秸秆等各类生物质，生产强度为 $200kg/(m^2 \cdot h)$，燃气热值在 $4200 \sim 5000kJ/m^3$，可采用内燃机发电机组。目前我国生物质气化发电技术已应用和推广了200多套，气化发电机组主要有3种规格，即60kW、160kW和200kW。

(2) 生物质整体气化联合循环发电系统　生物质整体气化联合循环发电系统（biomass integrated gasification combined cycle，BIGCC）主要包括生物质原料处理系统、加料系统、流化床气化炉、燃气净化系统、燃气轮机、蒸汽轮机、余热锅炉等部分。原料的预处理包括干燥和粉碎两个过程。进料系统通常使用密闭的螺旋进料器，增压流化床气化炉的进料系统还包括带有密闭阀的上、下料斗。

气化炉是BIGCC系统的关键部分，目前应用的主要是循环流化床气化炉。循环流化床气化炉原料适应性强，炉内运行温度通常为 $850 \sim 1050℃$，产气成分稳定。气化炉可分为常压气化炉和增压流化床气化炉。常压气化炉技术成熟，运行稳定性和操作性良好，目前商业运行的BIGCC电厂大多采用常压气化炉。增压流化床气化炉的进料装置、进气装置和出灰装置较复杂，但炉内气化反应在加压条件下进行，强化了燃烧和传热反应，有效地提高了系统效率；同时，可以减小设备体积，便于制造安装，是今后发展的主要方向。

燃气净化系统包括常温湿法净化系统和高温干法净化系统两大类。常温湿法净化系统的一般流程：燃气经过旋风分离器和布袋除尘后，在水洗塔内彻底清除焦油和其他污染物。高温干法净化系统的一般流程：经过两级旋风分离器除尘后，在高温管式过滤器中除去细尘和焦油（不包括苯和轻焦油）。高温干法净化可以有效利用燃气显热（$350 \sim 400℃$），减少水分含量，有利于提高燃气轮机的效率和燃烧的稳定性。

气化炉为燃气轮机燃烧室提供的燃气为低热值（通常小于 $6.3MJ/m^3$）的燃气，由于低热值燃气燃烧性能差，不易稳定燃烧，所以必须对燃烧室和燃烧器进行改造。目前主要采用单个大管径的圆筒型燃烧室或多个小管径或环管型燃烧室。

另外，由于低热值燃气的质量流率增大（相对于天然气），所以压气机和燃气轮机的匹配需要进行调整。通常采用缩小压气机尺寸或放大燃气轮机尺寸的方法，也可改变燃气轮机第一级静叶安装角，增大流通面积；同时，减小压气机进口导叶，减小压气机空气流率。余热锅炉可利用燃气轮机排气换热加热给水，通常与烟气冷却器联合产生蒸汽。由于受排烟温度限制，蒸汽参数通常为 $4\sim6MPa$、$450\sim500℃$。

BIGCC 通过采用两级燃烧方式，利用两种工质来提高整个系统的效率。发展 BIGCC 系统的关键技术是开发大容量、高效率的增压流化床气化炉和高温烟气净化系统，提高燃气轮机入口烟气温度，降低系统能耗。另外，还要开发低热值燃气专用的燃气轮机，保证低热值燃气的稳定燃烧，提高燃气轮机对燃气品质的适应性。

2.2.2.2 生物质灰熔融特性的调控

（1）生物质灰的化学特性　生物质中含有较多的钾、钠、氯、磷等元素，生物质气化炉内容易出现严重的积灰、结渣、腐蚀等现象，严重阻碍了生物质气化技术的发展。灰熔融性是影响生物质锅炉结渣的重要因素，灰熔融性主要取决于灰成分。研究生物质的灰渣特性对解决生物质气化炉或燃烧锅炉的结渣具有重要意义。

生物质灰成分主要包括 SiO_2、CaO、MgO、Na_2O、K_2O、P_2O_5 和 SO_3，还含有少量其他成分。在大量生物质灰样组成和熔融温度实测数据的基础上，采用统计和分析方法研究灰成分对生物质灰熔融性的影响。数据样本中的生物质包括来自国内不同地方的麦秆、稻秆、玉米秆、梧桐木、白杨木、木屑、花生壳、瓜子壳、稻壳以及酒糟等 18 种常见生物质。为了进一步分析数据样本的代表性，将数据样本有关指数（实际值）汇总于表 2-1。表 2-2 给出生物质灰中各主要成分的质量分数（w）范围。通过对表 2-1 和表 2-2 进行比较发现，数据样本中各成分的取值范围和生物质灰成分的实际含量范围相吻合，表明数据样本具有很好的可靠性，数据样本中的生物质灰渣特性能够代表大部分生物质的灰渣特性。

⊡ 表 2-1　数据样本有关指数（实际值）　　　　　　　　　　　　　　　　　　　　　单位：%

指数	$w(SiO_2)$	$w(CaO)$	$w(MgO)$	$w(Na_2O)$	$w(K_2O)$	$w(P_2O_5)$	$w(SO_3)$
最小值	2.10	0.80	0	0	0.30	0.14	0.09
最大值	90.09	48.87	38.00	9.90	51.90	29.01	39.76
均值	36.39	15.03	7.39	2.20	15.81	5.48	6.58
中值	29.64	11.09	5.89	1.35	11.44	3.27	4.47
众数	90.09	1.04	0	0	9.76	1.05	3.80
偏度	0.59	0.94	2.34	1.96	1.06	2.11	2.93
峰度	−0.65	0.09	7.00	3.27	0.41	4.79	9.75

⊡ 表 2-2　生物质灰中各主要成分的质量分数范围　　　　　　　　　　　　　　　　　单位：%

项目	数值	项目	数值
$w(SiO_2)$	$2.35\sim91.02$	$w(CaO)$	$1.34\sim49.92$
$w(MgO)$	$0\sim34.39$	$w(Na_2O)$	$0.13\sim9.94$
$w(K_2O)$	$0.15\sim50.22$	$w(SO_3)$	$0\sim12.69$
$w(P_2O_5)$	$0.43\sim29.01$		

由表 2-1 和表 2-2 可以看出，生物质灰的碱金属含量较高，如 K_2O 和 Na_2O，使生物质灰具有较低的烧结温度和熔融温度。生物质灰这一组成特性，会引起生物质在转化过程中的挂壁、结渣。因此，加强生物质灰熔融特性的调控对生物质的热化学转换（燃烧和气化）具有非常重要的意义。

（2）生物质灰熔融特性的调控途径　由于生物质灰中富含碱金属，在热化学转换（燃烧和气化）过程中因其灰熔点较低，易出现腐蚀、结垢、结渣等问题。因此，灰熔融特性的调控成为目前生物质转化的重要研究方向之一。生物质的灰熔融特性与其化学成分密切相关：酸性氧化物易形成聚合物提高灰熔融温度；碱性氧化物能够抑制聚合物的形成，降低灰熔融温度。添加添加剂、添加生物质、配煤等方式是调控生物质灰熔融特性的有效途径。

① 添加添加剂对生物质灰熔融特性的影响。添加剂主要有 Al_2O_3、SiO_2 以及钙、镁含量高的化合物，不同的添加剂对生物质灰熔融特性的作用机理不同，见表 2-3。在生物质燃烧过程中，钾元素易形成低熔点化合物、黏附飞灰颗粒，是造成积灰或结渣的重要原因。添加少量 Al_2O_3 可以大大改善操作条件，有助于减轻结渣。不同类型的生物质混合燃烧或生物质与其他燃料（如污泥、生活垃圾和煤）混合燃烧也有助于减少沉积物的形成，改变生物质的结渣特性。

⊡ 表 2-3　不同添加剂对生物质灰熔融特性的作用机理

添加剂	作用机理
Al_2O_3 SiO_2	SiO_2、Al_2O_3 有利于提高灰熔融温度,固定 K 并与碱金属氯化物生成高熔点的耐火矿物质 $KAlSiO_4$ (1600℃)和 $KAlSi_2O_6$ (1500℃)： $$Al_2O_3(s)+2SiO_2(s)+2KCl(g)+H_2O(g)\longrightarrow 2KAlSiO_4(s)+2HCl(g)$$ $$Al_2O_3(s)+4SiO_2(s)+2KCl(g)+H_2O(g)\longrightarrow 2KAlSi_2O_6(s)+2HCl(g)$$ Al_2O_3 在提高温度和降低结渣方面优于 SiO_2
$MgCO_3$ $CaCO_3$	两种添加剂均可提高生物质灰熔融温度,秸秆中添加 3% 的 $MgCO_3$、$CaCO_3$ 时可有效改善结渣效果,其中 $MgCO_3$ 的抗结渣效果最好,结渣率近似为零,且玻璃态物质的产生量减少,减轻结渣,反应实质为 CaO,MgO 与 Al_2O_3 反应生成高熔点的 $CaSiO_3$,$Ca_3Si_2O_7$ 及 $MgO \cdot Ca_3O_3Si_2O_4$： $$CaO(s)+SiO_2(s)\longrightarrow CaSiO_3(s)$$ $$CaSiO_3(s)+2CaO(s)+SiO_2(s)\longrightarrow Ca_3Si_2O_7(s)$$ $$MgO(s)+3CaO(s)+2SiO_2(s)\longrightarrow MgO \cdot Ca_3O_3Si_2O_4(s)$$

② 添加生物质对生物质灰熔融特性的影响。灰化学成分的不同是导致生物质灰熔融温度出现差异的主要原因。生物质灰中与结渣相关的成分为碱金属氧化物（Na_2O、K_2O）、碱土金属氧化物（CaO、MgO）、SiO_2 等。木材灰中碱金属和 SiO_2 的含量低，碱土金属氧化物的含量高，一般表现为灰熔点高且不易结渣；草本植物灰中碱金属氧化物和 SiO_2 的含量高，碱土金属氧化物的含量低，灰熔点较低且易结渣。与麦秸相比，竹渣中含有相对高的 Mg、Ca 和 P，这有利于钾与钙硅酸盐、镁硅酸盐和磷酸盐的高熔点化合物的形成，加入竹渣可提高其他生物质的灰熔融温度。当桉树皮与稻壳共同燃烧时，可减轻桉树皮单独燃烧时的结渣倾向。秸秆生物质燃烧表明钾可以与二氧化硅反应形成低熔点的钾硅酸盐，进而影响灰的结渣行为。

Zhu 等研究了木屑对玉米秸秆灰熔融温度的影响，并进一步探究了 SiO_2、K_2O、CaO 和 MgO 对灰熔融温度的影响机制。研究表明，为缓解秸秆的熔融结渣情况，共同燃烧的木质生物质添加量比例应不少于 40%；混合燃烧生物质中 SiO_2 和 K_2O 含量较高时，灰熔融温度可能降低导致结渣严重；而 CaO 和 MgO 含量较高时，灰熔融温度升高使得结渣现象减轻。Thy 等研究了木质生物质与稻草混合燃料的熔融特性，研究表明稻草与木质生物质共同燃烧会减少钾的相对损失，有效降低生物质灰的结渣。在生物质混合燃烧过程中，木质生物质具有较高的熔点，与其他生物质混合燃烧可以减轻生物质灰的结渣倾向。Zeng 等通过研究小麦秸秆、芒草和松木两两混合来减少生物灰中的结渣倾向，结果表明只有当松木在燃料中的配比超过 70% 时，底灰中的结渣倾向性才会显著降低。

③ 煤与生物质混合燃料的灰熔融特性。煤与生物质混合燃烧为生物质的大规模利用提供了方向，减少了对化石燃料的依赖和污染气体的排放。由于煤中碱金属含量较少，Si、Al 含量较高，煤和生物质以合适的比例混合可以减少混合灰中碱金属氧化物的含量，从而提高生物质的灰熔点，避免生物质单独燃烧时产生的灰沉积、烧结、结渣等问题。唐建业等研究了稻草、棉秆与长平煤混合燃烧的灰熔融特性。随着煤含量的增加，生物质灰熔融温度升高，引起温度变化的原因是长平煤灰中的石英和莫来石与生物质中的成分反应生成钠长石、白榴石、尖晶橄榄石等矿物质；煤灰易形成高黏度的高温难熔体，稻草灰熔融时会释放更多的挥发物，易形成低黏度熔体。由于低黏度熔体的存在，使得稻草和煤的混合灰流动倾向增加，有利于矿物质反应而熔融。马修卫等在弱还原性气氛下研究了高熔点长治煤对花生壳、稻壳的影响。随着煤配比的增加，生物质灰熔点呈现升高的趋势。当添加煤配比为 50% 时，花生壳灰流动温度从 1173℃增加到 1245℃，稻壳灰流动温度从 1312℃增加到 1322℃，长治煤对花生壳灰流动温度的调控更明显。Li 等在研究花生壳、玉米秸秆和松木屑与呼盛褐煤的混合灰的熔融特性时发现，高熔点莫来石含量的变化是生物质与褐煤混合灰熔融温度波动的主要原因，钙长石含量的增加、白榴石和斜辉石的生成引起了松木屑与呼盛褐煤混合灰熔融特征温度的变化。彭娜娜等在探究城市垃圾生物质组分混煤燃烧过程积灰结渣特性时发现，生物质与煤炭混烧过程产生的相互作用可以有效地降低高羊茅草灰的严重积灰和结渣倾向。生物质与煤混合燃烧过程中发生的反应主要如下：

$$SiO_2(石英)+ Al_2O_3 \longrightarrow 3Al_2O_3 \cdot 2SiO_2(莫来石) \qquad (2\text{-}1)$$

$$3Al_2O_3 \cdot 2SiO_2(莫来石)+CaO \longrightarrow CaO \cdot Al_2O_3 \cdot 2SiO_2(钙长石) \qquad (2\text{-}2)$$

$$CaO \cdot Al_2O_3 \cdot 2SiO_2(钙长石)+ CaO \longrightarrow 2CaO \cdot Al_2O_3 \cdot 2SiO_2(钙黄长石) \qquad (2\text{-}3)$$

$$3Al_2O_3 \cdot 2SiO_2(莫来石)+FeO \longrightarrow$$
$$2FeO \cdot 2SiO_2(铁橄榄石)+ FeO \cdot Al_2O_3(铁尖晶石) \qquad (2\text{-}4)$$

$$3Al_2O_3 \cdot 2SiO_2(莫来石)+Mg^{2+} \longrightarrow 2MgO \cdot 2Al_2O_3 \cdot 5SiO_2(堇青石)+$$
$$2MgO \cdot 5SiO_2(尖晶橄榄石) \qquad (2\text{-}5)$$

④ 复合剂对生物质灰熔融特性的影响。单一添加剂在调节生物质灰熔融温度时存在升温过快现象，对操作条件存在一定的要求，而一些复合剂的添加可以改善这一问题。高岭石（$Al_2O_3 \cdot 2SiO_2 \cdot 2H_2O$）是应用最广泛的复合剂，高岭石可促进可溶性钾转化为不可溶性钾从而减少气相钾的释放，对抑制碱金属结渣有非常良好的作用。

Li 等探讨高岭石和白云石两种添加剂对秸秆（麦秸秆、玉米秸秆和稻秸秆）灰熔点的影响及其调控机制，两种添加剂均可提高秸秆的灰熔点，高岭石使秸秆软化温度显著提高，白云石使秸秆流动温度提高。添加白云石形成高熔点的石灰、方镁石和镁硅钙石，进而使秸秆生物质的灰熔融温度升高；添加高岭石形成的高熔点霞石导致秸秆与高岭石混合物的灰熔融温度升高。添加高岭石可以显著减少过热器沉积物、腐蚀和结渣。与大麦秸秆和稻壳单独燃烧时相比，添加高含钙污泥导致高熔点化合物磷酸钙钾、含钙硅酸钾以及氧化钙的形成，能够降低两种生物质的结渣倾向。加入沸石 24A 后，通过 XRD（X 射线衍射）和 SEM-EDX（带能谱的扫描电镜）分析显示在大麦秸秆灰中形成高温熔融的硅酸铝钾，使得大麦秸秆灰的变形温度显著增加至 1000℃ 以上。添加木质素磺酸钙在颗粒燃烧过程中降低灰结渣的能力不太明显，但促进高熔点含钙硅酸盐和磷酸盐的形成，使得大麦秸秆和稻壳燃烧后残渣的量有所降低。

李琳娜等研究了富磷污泥对生物质燃烧过程中碱金属迁移的影响。在温度高于 800℃ 时，磷的模型化合物 $Ca_3(PO_4)_2$ 与 KCl 反应生成 $Ca_{10}K(PO_4)_7$ 和 $Ca_5(PO_4)_3Cl$，富磷物质 $Ca_3(PO_4)_2$ 将烟气中的钾和氯固定于底灰中并提高了灰熔点，减轻了锅炉受热面的腐蚀。随着污泥添加比例的增加，污泥中的 $CaSO_4$ 逐渐分解并与 PO_4^{3-} 反应生成 $Ca_3(PO_4)_2$，同时与燃料中的 K、Na 发生反应，生成高熔点产物 $Ca_{10}Na(PO_4)_7$、$Ca_{10}K(PO_4)_7$，从而抑制了生物质燃料过程中的积灰、结渣和腐蚀。Nazelius 等探究了泥炭对木质生物质结渣特性的影响，泥炭 A 与木质生物质共同燃烧时，高温熔融的钙或镁氧化物转化为低温熔融的钙或镁的钾铝硅酸盐而导致严重的结渣倾向；Ca 含量较高的泥炭与木质生物质共同燃烧时导致结渣趋势显著降低，底灰中的钙或镁氧化物转化形成少量的低温熔融含钾硅酸盐熔体，而钙或镁氧化物含量较高降低了结渣倾向。

（3）生物质灰熔融特性调控举例

① 长治煤与不同生物质混合灰熔融特性研究

a. 原料灰熔融特性分析。长治煤（CZ）、花生壳（PH）、豆秸秆（BS）和玉米芯（CC）的灰熔融特征温度如表 2-4 所示，CZ 和 BS 的灰熔融温度较高，两者的灰流动温度（FT）都大于 1500℃，PH 灰熔融温度处于中等，CC 灰熔融温度最低，变形温度（DT）和 FT 仅为 957℃、1015℃。原料灰熔融温度与其化学成分密切相关，四种原料的灰成分见表 2-5。CZ 灰中 SiO_2 和 Al_2O_3 含量较高，两者质量分数总和大于 80%，属于典型的高硅铝煤。相反生物质灰中 K_2O、CaO、MgO 含量较高，尤其是 BS，三者总含量约 70%。酸性氧化物（Si^{4+}：95.24nm^{-1}；Al^{3+}：60.00nm^{-1}）具有较高的离子势，极易与氧结合形成稳定的硅酸盐网络结构，导致灰熔融温度升高。碱性组分（K_2O、CaO、MgO）具有较低的离子势（K^+：7.52nm^{-1}；Ca^{2+}：20.20nm^{-1}；Mg^{2+}：30.77nm^{-1}），可以使稳定的硅酸盐由架状、层状或链状转化为岛状，破坏硅酸盐的立体网络结构，从而使灰熔融温度降低。这是 CZ 灰熔融温度高于 PH 和 CC 的主要原因。虽然 BS 中含有较多的 CaO（43.40%），但是由于 SiO_2 和 Al_2O_3 含量较少，丰富的碱性氧化物只能与少量的 SiO_2 和 Al_2O_3 反应生成少量的低熔点硅铝酸盐。另外，在灰熔融过程中还有部分碱金属元素（Na、K）会挥发，导致 CaO 和 MgO 变成豆秆灰中的主要成分，其熔点分别为 2572℃、2852℃。高温下仅有少量的硅铝酸盐熔融，不足以使灰锥形状发生改变，导致 BS 灰熔融温度较高。CC 灰中 K_2O 含量高达到 51.76%，与 Ca^{2+} 相比，K^+ 半径较大，所带电荷少，聚合作用弱，从而具有更强的破坏硅铝网络结构的作用。这是 PH 灰熔融温度高于 CC 的主要原因。

样品	DT	ST	HT	FT
CZ	1500	>1500	>1500	>1500
PH	1098	1124	1162	1173
BS	1486	>1500	>1500	>1500
CC	957	981	1002	1015

注：DT 为变形温度；ST 为软化温度；HT 为半球温度；FT 为流动温度。

☐ 表 2-5 煤和生物质灰的化学组成（质量分数）
单位：%

样品	SiO_2	Al_2O_3	Fe_2O_3	CaO	MgO	SO_3	K_2O	Na_2O	P_2O_5	Cl
CZ	50.19	32.16	3.03	4.95	1.93	1.76	1.46	1.21	1.93	0.46
PH	28.86	9.93	3.16	16.88	5.26	6.97	15.80	4.21	5.41	2.20
BS	7.58	3.26	4.92	43.40	10.20	5.43	16.56	4.18	2.06	2.01
CC	11.56	3.70	2.62	7.86	2.81	4.62	51.76	3.89	3.98	6.03

　　b. 生物质对长治煤混合灰熔融特性的影响。图 2-1 表示 3 种生物质灰对 CZ 混合灰熔融温度的影响。CZ 灰熔融温度与生物质灰配比之间不呈线性关系变化，混合灰熔融温度的变化趋势与生物质种类有关。从图 2-1(a) 中可以看出，随 PH 灰配比增大，CZ 灰熔融温度不

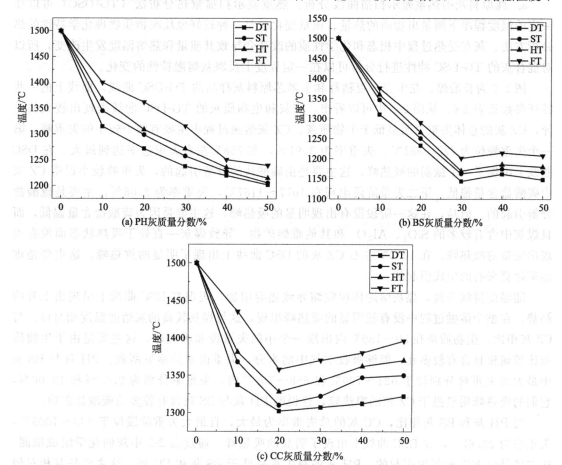

(a) PH灰质量分数/%

(b) BS灰质量分数/%

(c) CC灰质量分数/%

图 2-1　生物质灰对长治煤混合灰熔融温度的影响

断降低。PH 灰添加量为 10％时，CZ 灰 FT 降低幅度超过 100℃；在 PH 灰配比为 20％时（原料比为 37.07％，空气干燥基），FT 为 1362℃（＜1380℃），可以满足气流床液态排渣要求。

从图 2-1(b) 中可以看出，添加 BS 灰时，混合灰熔融温度低于它们各自的灰熔融温度，在配比为 0～30％时混合灰熔融温度迅速下降，随配比继续增大（＞30％），混合灰熔融温度变化趋势较小；在配比为 40％时有轻微的增加，但 FT 仅为 1208℃。当 BS 配比大于 10％时（原料比为 18.44％，空气干燥基），混合灰 FT 小于 1380℃。CC 灰的添加不同于 PH 与 BS：CC 灰配比小于 20％时，CZ 混合灰熔融温度呈现降低趋势；配比大于 20％时，又呈现出上升的趋势；配比为 20％时（原料配比为 44.51％，空气干燥基）灰熔融温度最低，见图 2-1(c)。以上分析表明：三种生物质在共气化过程中都可以发挥助熔作用，降低高灰熔点 CZ 煤的灰熔融温度，达到气流床液态排渣的要求；与三种生物质相比，BS 的助熔效果优于 PH 和 CC，CC 灰熔融温度最低但助熔效果最差。合适的配比是实现高灰熔点煤与生物质气流床共气化的关键，CC 灰在配比为 50％时，FT 大于 1400℃。因此，从灰熔点角度分析 CC 灰配比在 20％～40％时可以更好地满足气化炉液态排渣要求。

② 混合灰熔融机制分析

a. 纯原料灰的热重差示扫描曲线分析。热重差示扫描量热分析法（TG-DSC）可以在一定的温度程序下测量出物质的热量、质量变化，是一种较好地反映物质物理化学特性的热分析方法。灰在受热过程中相态和化学性质的改变会导致其质量和热熔温度发生改变，所以对混合灰的 TG-DSC 特性进行分析可以在一定程度上反映灰熔融特性的变化。

图 2-2 为长治煤、花生壳、豆秸秆和玉米芯原料灰样品的 TG-DSC 曲线，曲线上的一些特征参数见表 2-6。从图 2-2 中可以看出，煤灰和生物质灰的 TG-DSC 曲线表现出较大的差异，CZ 灰的总体失重量明显低于生物质灰。CZ 灰熔融过程中主要有两个较小的失重峰。第一个失重峰位为 722～881℃，失重率为 3.91％，在 758℃左右失重速率达到最大。在 DSC 曲线上出现了一个微弱的吸热峰，这主要是由碳酸盐的分解引起的，失重峰较小说明 CZ 灰中碳酸盐含量偏低。第二失重阶段出现在 1077～1167℃，失重率为 2.08％，主要是硫酸盐分解引起的。但是，在这一阶段没有出现明显的吸热峰，这主要是因为硫酸盐含量偏低，而且煤灰中含有较多的 SiO_2、Al_2O_3 和其他难熔矿物，导致煤灰一直处于吸热状态而没有表现出完整的吸热峰。在 1000℃左右 CZ 灰的 DSC 曲线上出现了明显的放热峰，这主要是难熔矿物莫来石的生成引起的。

随温度持续升高，煤灰熔融体积收缩导致热容增加，表现在 DSC 曲线上呈现出上升的趋势。在整个熔融过程中没有较明显的吸热峰出现，这与煤灰较高的灰熔融温度相对应。与 CZ 灰相比，生物质灰在 50～180℃内出现一个小的失重段和吸热峰，这主要是由于生物质灰比较疏松且含有较多孔，能够吸收空气中的水分，失重由水分蒸发所致。PH 灰与 BS 灰中最大的失重峰分别位于 624～739℃和 658～759℃内，失重率分别为 9.04％和 13.06％，它们的吸热峰明显强于 CZ 灰的吸热峰，这说明 PH 灰与 BS 灰含有较多的碳酸盐矿物。

与 PH 灰和 BS 灰相比，CC 灰的总失重率为最大，且最大失重阶段位于 833～1003℃，失重率为 23.67％，在 DSC 曲线上出现了明显的吸热峰。通过表 2-5 中灰的化学组成推测，这主要是由 KCl 的挥发引起的。PH 灰的总失重率低于 BS 灰和 CC 灰，这主要是其相对较低的碱金属氧化物和碱土金属氧化物含量所致；PH 灰中具有较高含量的 SO_3，推测温度大于 1000℃时的失重主要是由硫酸盐分解引起的，相对较高的 SiO_2 和 Al_2O_3 的存在使 DSC

曲线在大于800℃时没有出现明显的吸热峰。

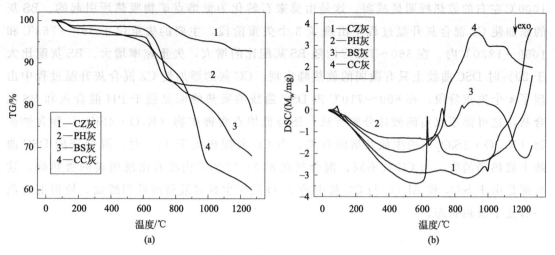

(a)　　　　　　　　　　　　　(b)

图 2-2　长治煤、花生壳、豆秸秆和玉米芯原料灰样品的 TG-DSC 曲线

⊡ **表 2-6　灰样 TG 曲线的特征参数**

样品	第一失重阶段			第二失重阶段			第三失重阶段			第四失重阶段		
	T [1] /℃	T_p [2] /℃	α [3] /%	T /℃	T_p /℃	α /%	T /℃	T_p /℃	α /%	T /℃	T_p /℃	α /%
CZ	722~881	758	3.91	1077~1167	1122	2.08	—	—	—	—	—	—
PH	105~177	134	1.6	624~739	687	9.04	—	—	—	—	—	—
BS	95~165	125	1.05	658~759	720	13.06	1045~1177	1117	8.91	—	—	—
CC	53~121	82	2.34	604~674	638	6.56	833~1003	943	23.67	—	—	—
PH_1CZ_9 [4]	544~802	748	3.16	908~970	936	0.67	1103~1211	1168	2.96	—	—	—
PH_2CZ_8	563~781	625	3.02	909~964	936	1.04	1042~1203	1156	2.89	—	—	—
PH_3CZ_7	585~727	645	3.00	913~966	935	0.39	1064~1207	1160	2.94	—	—	—
PH_4CZ_6	563~724	638	3.66	1086~1205	1155	2.96	—	—	—	—	—	—
PH_5CZ_5	579~723	649	3.65	923~1077	1012	2.62	1106~1176	1142	1.58	—	—	—
BS_1CZ_9	572~802	677	4.02	1045~1206	1158	3.09	—	—	—	—	—	—
BS_2CZ_8	95~159	126	0.35	593~748	684	5.02	1063~1201	1146	2.97	—	—	—
BS_3CZ_7	56~175	126	0.76	619~745	696	5.73	1012~1198	1148	3.52	—	—	—
BS_4CZ_6	77~171	126	0.86	627~754	701	6.91	1049~1218	1158	4.17	—	—	—
BS_5CZ_5	60~185	130	1.3	616~760	709	9.31	—	—	—	—	—	—
CC_1CZ_9	51~169	122	0.59	623~707	668	2.31	—	—	—	—	—	—
CC_2CZ_8	50~118	73	0.75	596~726	669	3.73	772~900	858	3.12	914~1002	948	1.82
CC_3CZ_7	49~130	83	1.83	612~725	677	3.93	788~944	816	4.67	963~1062	992	1.65
CC_4CZ_6	49~116	79	1.92	601~717	663	4.85	786~928	876	6.41	1044~1807	1117	2.34
CC_5CZ_5	50~111	78	1.76	608~717	660	5.42	780~933	873	7.69	1124~1219	1180	2.08

① 质量减少的温度范围。

② 最大失重速率温度。

③ 失重率。

④ 花生壳在长治混合灰中的含量为10%。

　　图 2-3 为混合灰的 TG-DSC 曲线，PH 灰的添加使 CZ 混合灰升温过程中出现了两个主要的失重峰，分别位于500~788℃和1050~1210℃内。随 PH 灰配比的增大，混合灰的失

重率在增加，这主要是 PH 灰中相对较多的碳酸盐和硫酸盐分解所致。随配比增大，1000℃左右的放热峰明显减弱，这是由莫来石转化为低熔点矿物吸热所引起的。BS 灰的添加使 CZ 混合灰升温过程中出现了 3 个失重阶段，主要的失重位于 560～763℃ 和 1050～1220℃ 内。在 560～763℃ 内随 BS 灰配比的增大，失重速率增大。BS 灰配比大于 20% 时 DSC 曲线上只有微弱的放热峰出现。CC 灰的添加使 CZ 混合灰升温过程中出现了 4 个失重阶段，在 600～710℃ 内 DSC 曲线的吸热峰明显强于 PH 混合灰和 BS 混合灰，这可能不仅由碳酸盐分解所致，还与低熔点含钾矿物（$K_2O \cdot 4SiO_2$）和含钠矿物（$Na_2O \cdot 2SiO_2$）的生成及熔融有关。当 CC 灰配比大于 40% 时，混合灰的 DSC 曲线上放热峰消失。与 CC 灰不同，混合灰在 800～1000℃ 内没有出现明显的吸热峰，这可能是由于 SiO_2 和 Al_2O_3 与 CC 灰中的 K_2O 反应生成硅酸盐或硅铝酸盐，使得混合灰一直处于吸热状态。

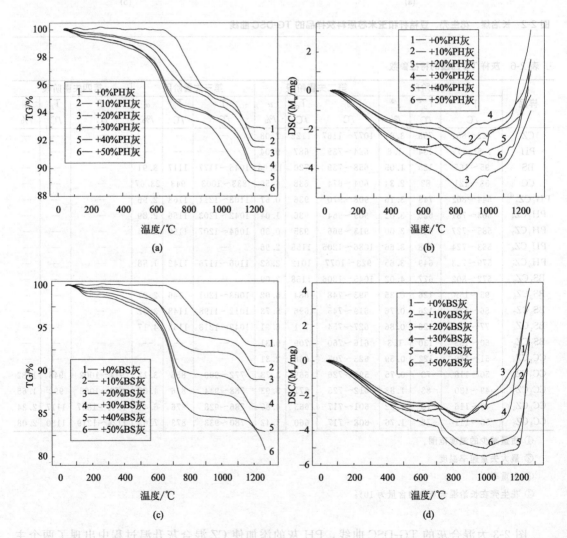

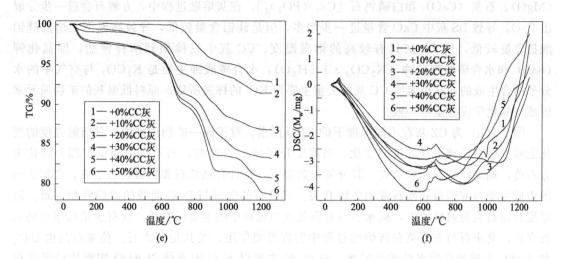

(e)   (f)

图 2-3　混合灰的 TG-DSC 曲线

　　b. 纯原料灰矿物学特性分析。矿物组成和含量是影响灰熔融特性的重要因素。图 2-4 (a) 为原料灰在 575℃下的 XRD 图谱，CZ 灰在低温下主要由石英（SiO_2）、偏高岭石（$Al_2Si_2O_7$）、硬石膏（$CaSO_4$）、方解石（$CaCO_3$）和赤铁矿（Fe_2O_3）组成。方解石和硬石膏的分解与 TG 曲线上两个失重阶段相对应。PH 灰主要由石英、碳酸钾钙石 [K_2Ca $(CO_3)_2$]。单钾芒硝（K_2SO_4）和方解石组成，碳酸钾钙石、单钾芒硝和方解石在灰熔融过程中分解出助熔氧化物（CaO、K_2O），从而与煤灰中的 SiO_2 和 Al_2O_3 反应生成低熔点硅铝酸盐，导致灰熔融温度降低。除了碳酸钾钙石和方解石外，BS 灰中还存在方镁石

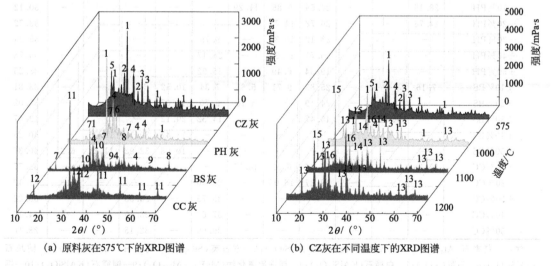

(a) 原料灰在575℃下的XRD图谱　　　　　　(b) CZ灰在不同温度下的XRD图谱

图 2-4　原料灰和 CZ 灰的 XRD 图谱

1—石英（SiO_2）；2—硬石膏（$CaSO_4$）；3—赤铁矿（Fe_2O_3）；4—方解石（$CaCO_3$）；5—偏高岭石（$Al_2Si_2O_7$）；
6—单钾芒硝（K_2SO_4）；7—碳酸钾钙石 [K_2Ca $(CO_3)_2$]；8—方镁石（MgO）；9—石灰（CaO）；
10—白磷钙石 [Ca_3 $(PO_4)_2$]；11—钾盐（KCl）；12—水合碳酸钾（$K_2CO_3 \cdot 1.5H_2O$）；13—莫来石（$Al_6Si_2O_{13}$）；
14—钙铝黄长石（$Ca_2Al_2SiO_7$）；15—方石英（SiO_2）；16—钙长石（$CaAl_2Si_2O_8$）

（MgO）、石灰（CaO）和白磷钙石 $[Ca_3(PO_4)_2]$。在灰熔融过程中，方解石会进一步分解出 CaO，导致 BS 灰中 CaO 含量进一步增多，但是硅铝含量较低，导致高温下低熔点硅铝酸盐含量较低，使 BS 灰具有较高的熔融温度。CC 灰中只检测到两种钾盐，即氯化钾（KCl）和水合碳酸钾矿物（$K_2CO_3 \cdot 1.5H_2O$），水合碳酸钾主要是 K_2CO_3 与空气中的水分子结合生成的，这也表明 CC 灰的失重主要是 KCl 的挥发所致。原料低温灰的矿物质元素组成与其化学成分基本一致。

图 2-4（b）为 CZ 灰在不同温度下的 XRD 图谱。对于同一矿物质来说，其衍射强度的变化能够近似地反映出其含量的变化。当温度升高到 1000℃时，石英含量降低，部分转化为方石英，偏高岭石衍射峰消失，其分解为莫来石，并且有钙长石和钙黄长石生成，含钙矿物的生成主要与方解石和硬石膏的分解有关。莫来石的生成与 DSC 曲线的放热峰相一致。随温度升高石英衍射峰消失，莫来石与方石英成为煤灰中的主要矿物质，仅有少量低熔点钙长石存在，莫来石与方石英在灰熔融过程中发挥骨架作用，尤其是莫来石。莫来石是由 SiO_2 和 Al_2O_3 形成的高熔点硅酸盐矿物，Si 和 Al 主要以 Si-O 四面体和 Al-O 四面体的形式存在，两种四面体形成稳定的双链结构增加了灰锥的稳定性，从而使 CZ 灰熔融温度较高。

c. 混合灰矿物学特性分析。混合灰在 1100℃下矿物质种类较多，且晶体含量较适中，矿物种类和含量的变化可以较好地反映出混合灰熔融温度的变化，所以选择在 1100℃制作 CZ 混合灰样品。图 2-5 表示不同配比下 CZ 混合灰在 1100℃下的 XRD 图谱，表 2-7 表示 1100℃下混合灰中的矿物质种类及其相对含量 [半定量标准参比强度（RIR）法]。

⊡ 表 2-7　1100℃下混合灰中的矿物质种类及其相对含量

灰	原料组成（质量分数）/%											
	1	2	3	4	5	6	7	8	9	10	11	12
CZ	34.78	8.32	19.12	9.24	—	—	—	—	—	—	—	28.54
+10%PH	28.15	—	—	20.59	9.85	11.29	—	—	—	—	—	30.12
+20%PH	24.78	—	—	26.78	14.72	—	—	—	—	—	—	33.72
+30%PH	—	—	—	38.12	16.85	—	9.79	—	—	—	—	35.24
+40%PH	—	—	—	26.71	10.34	—	26.17	—	—	—	—	36.78
+50%PH	—	—	—	19.34	6.49	—	35.92	—	—	—	—	38.25
+10%BS	7.16	—	—	25.83	9.71	5.63	7.34	10.52	—	—	—	33.81
+20%BS	—	12.86	—	24.19	—	5.10	8.76	13.07	—	—	—	36.02
+30%BS	—	7.62	—	15.47	—	—	14.32	20.12	—	—	—	42.47
+40%BS	—	—	—	—	—	—	—	13.47	30.12	16.15	—	40.26
+50%BS	—	—	—	—	—	—	—	10.08	32.02	11.26	6.28	40.36
+10%CC	26.38	—	—	15.96	6.52	18.37	—	—	—	—	—	32.77
+20%CC	—	—	—	19.37	16.05	—	23.46	—	—	—	—	41.12
+30%CC	—	—	—	38.75	—	—	23.03	—	—	—	—	38.22
+40%CC	—	—	—	37.68	—	—	28.15	—	—	—	—	34.17
+50%CC	—	—	—	39.69	—	—	32.15	—	—	—	—	28.16

注：1—莫来石（$Al_6Si_2O_{13}$）；2—钙铝黄长石（$Ca_2Al_2SiO_7$）；3—方石英（SiO_2）；4—钙长石（$CaAl_2Si_2O_8$）；5—钠长石（$NaAlSi_3O_8$）；6—石英（SiO_2）；7—白榴石（$KAlSi_2O_6$）；8—镁铁铝氧化物（$MgFe_{0.2}Al_{1.8}O_4$）；9—钾霞石（$KAlSiO_4$）；10—钙黄长石与镁黄长石的复合物 $[Ca_2(Mg_{0.5}Al_{0.5})(Si_{1.5}Al_{0.5}O_7)]$；11—钙镁橄榄石（$MgCaSiO_4$）；12—玻璃态物质。

从图 2-5（a）中可以看出，当 PH 灰配比为 10% 时，莫来石衍射强度明显降低，方石英消失，部分 Si 元素以石英的形式存在，而钙长石含量增加，并且有钠长石（$NaAlSi_3O_8$）生成，因为 PH 灰中 CaO 和 K_2O 含量丰富，Ca^{2+} 和 Na^+ 作为电子接受体很容易进入莫来石晶格，导致莫来石晶格重组形成新的矿物钙长石和钠长石。除此之外，也会出现以下

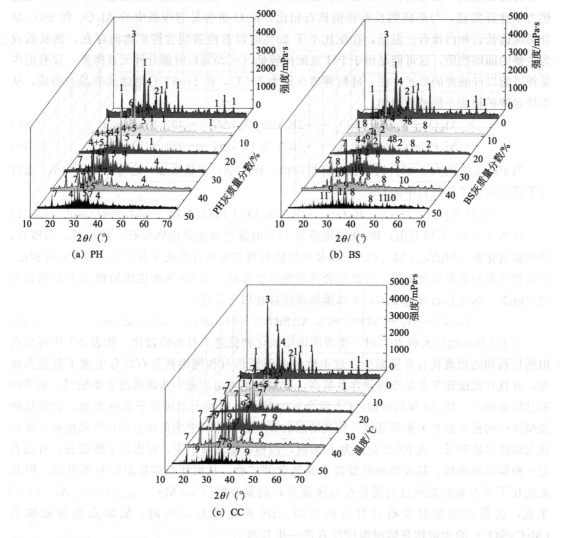

图 2-5 不同配比下 CZ 混合灰在 1100℃下的 XRD 图谱

1—莫来石（$Al_6Si_2O_{13}$）；2—钙铝黄长石（$Ca_2Al_2SiO_7$）；3—方石英（SiO_2）；4—钙长石（$CaAl_2Si_2O_8$）；

5—钠长石（$NaAlSi_3O_8$）；6—石英（SiO_2）；7—白榴石（$KAlSi_2O_6$）；8—镁铁铝氧化物（$MgFe_{0.2}Al_{1.8}O_4$）；

9—钾霞石（$KAlSiO_4$）；10—钙黄长石与镁黄长石的复合物[$Ca_2(Mg_{0.5}Al_{0.5})(Si_{1.5}Al_{0.5}O_7)$]；11—钙镁橄榄石（$MgCaSiO_4$）

反应：

$$2SiO_2 + Al_2O_3 + CaO \longrightarrow CaAl_2Si_2O_8, \Delta G = -133.60kJ/mol \tag{2-6}$$

$$6SiO_2 + Al_2O_3 + Na_2O \longrightarrow 2NaAlSi_3O_8, \Delta G = -397.51kJ/mol \tag{2-7}$$

$$2SiO_2 + 3Al_2O_3 \longrightarrow Al_6Si_2O_{13}, \Delta G = -18.06kJ/mol \tag{2-8}$$

在 1100℃下反应（2-8）的吉布斯自由能明显大于反应（2-6）和反应（2-7），在 CaO 和 Na_2O 存在的条件下，煤灰中剩余的 SiO_2 和 Al_2O_3 会优先与其反应生成低熔点钙长石和钠长石。从表 2-7 中可以看出混合灰中低熔点矿物含量明显高于 CZ 灰，导致混合灰熔融温度降低。当 PH 灰配比为 20% 时，钙长石和钠长石成为主要的助熔物质，莫来石含量进一步降低，抑制灰锥变形的作用明显减弱。当配比大于 20% 时，莫来石衍射峰消失，低熔点矿物白榴石生成，白榴石和非晶态物质含量不断增加，从而使灰熔融温度进一步降低。通过热力学计算发现，与形成钙长石和钠长石相比，K_2O 更容易与煤灰中的 Al_2O_3 和 SiO_2 结合形成透长石和白榴石。但是，在配比小于 20% 时没有检测到含钾矿物的存在，钙长石成为主要的助熔物质，这可能是由于 PH 灰配比较低（≤20%）时部分钾元素挥发，仅有的少量钾可能以硅酸钾的形式存在，硅酸钾熔点仅为 700℃，在 1100℃ 已熔融成非晶态物质，从而使含钾矿物质不能被检测到。

$$Al_2O_3 + K_2O + 6SiO_2 \longrightarrow 2KAlSi_3O_8 , \Delta G = -497.88kJ/mol \qquad (2-9)$$

$$Al_2O_3 + 4SiO_2 + K_2O \longrightarrow 2KAlSi_2O_6 , \Delta G = -487.44kJ/mol \qquad (2-10)$$

当 PH 灰配比大于 30% 时钙长石含量降低，而白榴石含量增加，这可能是因为 K^+ 通过以下反应取代了钙长石中的 Ca^{2+}：

$$CaAl_2Si_2O_8 + 2SiO_2 + K_2O \longrightarrow 2KAlSi_2O_6 + CaO , \Delta G = -354.20kJ/mol \qquad (2-11)$$

由图 2-5(b) 可以看出，BS 灰添加量为 10% 时混合灰主要由钙长石、钠长石、白榴石、镁铁铝氧化物（$MgFe_{0.2}Al_{1.8}O_4$），以及少量的石英和莫来石组成（表 2-7）。与 CZ 灰相比，石英和莫来石含量明显降低，导致混合灰熔融温度降低。当 BS 灰配比增加到 20% 时钙长石含量减少，钙黄长石含量增加，可以推测可能存在以下反应：

$$CaAl_2Si_2O_8 + CaO \longrightarrow Ca_2Al_2SiO_7 + SiO_2 , \Delta G = -32.78kJ/mol \qquad (2-12)$$

当 BS 灰配比增大到 30% 时，更多的助熔氧化物促进了石英的转化。从表 2-7 中可以看出钙长石和钙铝黄长石含量减少，这主要是由于钙长石和钙铝黄长石结合生成了低温共熔物，并且在此配比下非晶态物质含量最高，这是灰熔融温度进一步降低的主要原因。基于硅酸盐熔体理论，随 BS 灰的添加，CZ 混合灰中碱金属和碱土金属离子含量增加，会使硅酸盐熔体中的桥氧键变为非桥氧键，使高熔点的架状硅酸盐转变为低熔点的岛状硅酸盐，从而使灰熔融温度降低。在 BS 灰配比为 40% 时，白榴石衍射峰消失，而出现了钾霞石，钾霞石是一种架状硅酸盐，其灰熔融温度高于其他含钾矿物，从而使灰熔融温度有所升高。但是此配比下又有新的低熔点钙黄长石与镁黄长石的复合物 $[Ca_2(Mg_{0.5}Al_{0.5})(Si_{1.5}Al_{0.5}O_7)]$ 生成，这是灰熔融温度略微升高的原因。BS 灰配比为 50% 时，低熔点钙镁橄榄石（$MgCaSiO_4$）的生成使灰熔融温度没有进一步升高。

$$SiO_2 + MgO + CaO \longrightarrow MgCaSiO_4 , \Delta G = -107.43kJ/mol \qquad (2-13)$$

如图 2-5(c) 所示，当 CC 灰配比为 20% 时莫来石和石英的衍射峰消失，混合灰主要由钙长石、钠长石、白榴石和玻璃态物质组成。从表 2-7 中可以看出低熔点矿物（钙长石、钠长石和白榴石）的总量高于其他配比下的低熔点矿物总量，从而使混合灰具有最低的熔融温度。随 CC 灰配比继续增大，钙长石和钠长石转变为非晶态物质，部分钾元素以钾霞石的形式存在。从表 2-7 中可以看出 CC 灰配比大于 20% 时钾霞石含量增加，非晶态物质含量明显减少，这是灰熔融温度升高的主要原因。由矿物质组成分析可以推测，随 CC 灰配比增大混合灰中会出现反应（2-10）和反应（2-14）：

$$Al_2O_3 + 2SiO_2 + K_2O \longrightarrow 2KAlSiO_4 , \Delta G = -417.68kJ/mol \qquad (2-14)$$

由反应式(2-10) 和反应 (2-14) 的 ΔG 可以推断出 K_2O 会优先与 Al_2O_3 和 SiO_2 反应生成白榴石，K_2O 含量继续增加时 K 元素会以钾霞石的形式存在。

d. 三元相图和液相含量变化分析。灰组成在三元相图上的位置变化可以揭示煤灰中主要矿物质组成的变化，液相线温度的变化可以较好地反映出灰熔融特性的变化。根据原料灰中的主要化学组成，选择 SiO_2-Al_2O_3-CaO 和 SiO_2-Al_2O_3-K_2O 两个三元相图来揭示随生物质灰添加量的增大混合灰熔融特性的变化。BS 灰和 PH 灰中 CaO 含量相对较多，选择 SiO_2-Al_2O_3-CaO 三元相图来分析 BS 和 PH 添加对 CZ 混合灰熔融温度的影响机制，而 CC 灰中 K_2O 含量高，选择 SiO_2-Al_2O_3-K_2O 三元相图来说明添加 CC 对 CZ 灰熔融温度的影响规律。对 CZ、PH、BS 和 CC 灰化学组成进行归一化计算，混合灰组成在三元相图 SiO_2-Al_2O_3-CaO 和 SiO_2-Al_2O_3-K_2O 上的位置变化如图 2-6 所示，三元相图中黑实线围成的区域表示温度降低时最先析出晶体矿物，细实线表示液相线温度构成的等温线，不同的点代表不同配比下混合灰的组成。从图 2-6 中可以看出，在 SiO_2-Al_2O_3-CaO 和 SiO_2-Al_2O_3-K_2O 两个三元相图中，CZ 灰组成都落在高熔点矿物莫来石区，全液相温度都高于 1600℃，导致

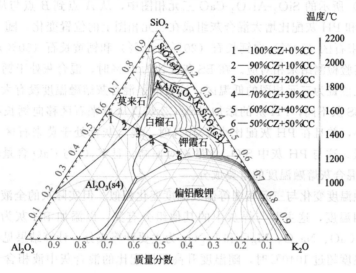

(a) SiO_2-Al_2O_3-K_2O 三元相图

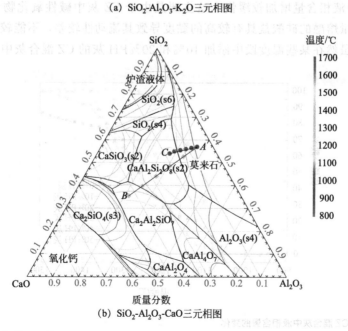

(b) SiO_2-Al_2O_3-CaO 三元相图

图 2-6　混合灰组成在三元相图上的位置变化

其具有较高的灰熔融温度，这与 XRD 检测结果相一致。从图 2-6(a) 中可以看出：当 CC 灰添加量为 10％时，混合灰仍处于莫来石区，但此位置等温线温度低于原 CZ 灰处的等温线温度；当 CC 灰配比为 20％时，混合灰处于白榴石和 Al_2O_3（s4）边界线附近。通常煤灰处于边界线附近时，灰熔融温度较低，此处全液相温度仅为 1578℃，这与混合灰熔融温度在配比为 20％时相一致。随 CC 灰配比进一步增大，混合灰组成分别落在白榴石区（30％和 40％）和钾霞石区（50％），这与 XRD 中的主要矿物质相同，其全液相温度分别为 1626℃、1678℃和 1623℃，都远高于 20％的全液相温度。配比为 50％时混合灰的全液相温度低于配比为 30％和 40％的全液相温度，这主要是由于三元相图计算时仅考虑了 SiO_2、Al_2O_3 和 K_2O，在实际灰熔融过程中混合灰的全液相温度还受其他组分影响。

在图 2-6(b) 所示的 SiO_2-Al_2O_3-CaO 三元相图中，从 A 点到 B 点与从 A 点到 C 点分别表示随 BS 灰和 PH 灰配比增大混合灰组成在三元相图上的位置变化。随 BS 灰配比增大，CZ 混合灰从莫来石区（10％）向钙长石（20％和 30％）和钙黄长石（50％）区移动，含 Ca 矿物的变化与实验检测结果相对应。在 BS 灰配比为 40％时，混合灰处于钙长石和钙黄长石边界线附近，此位置为三元相图的低温区，这可能是混合灰熔融温度没有大幅度升高的主要原因。与添加 BS 灰不同，PH 灰的添加导致 CZ 灰仅从莫来石区移向钙长石区，混合灰组成移动间隔较小，并且在 PH 灰配比小于 40％时，混合灰都处于莫来石区，但混合灰全液相温度不断降低。这与 PH 灰中 SiO_2 含量相对偏高，且 K_2O 与 CaO 含量较相近有关，此时 K_2O 是影响混合灰熔融温度的重要成分。

混合灰熔融温度变化与三元相图等温线温度变化相似。但实际灰的全液相温度低于三元相图上的全液相温度，这主要与煤灰中的其他组分有关。以添加 PH 灰为例，选择 SiO_2、Al_2O_3、K_2O、CaO、Na_2O、MgO 和 Fe_2O_3 为主要计算成分，计算结果见图 2-7。由图 2-7 可以看出，当温度超过 1040℃时，随温度升高不同配比的混合灰中液相含量都表现出增加的趋势，CZ 灰中液相含量增加较缓慢。这主要是由于 CZ 灰中碱性氧化物含量低，硅铝酸盐结构稳定，少量熔融的硅酸盐具有较高的黏度导致其流动性较差，不能较好地促进其他难熔矿物的熔融。虽然在某些温度段中添加 10％和 20％PH 灰的 CZ 混合灰中，液相含量低于

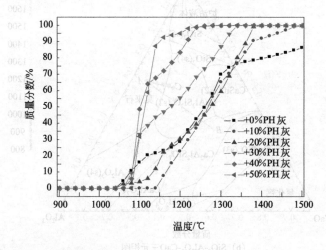

图 2-7　随温度升高 CZ 混合灰中液相含量的变化

CZ灰，但随温度继续升高后液相增加速率加快。当PH灰配比为20%时，混合灰在1340℃就全部熔融。随PH灰配比的增大，在相同温度下液相增加速率增大，混合灰进入全液相的温度降低，这与混合灰熔融温度变化趋势相一致。

③ 添加剂对秸秆灰熔融特性的影响机理

a. 三种生物质原料的特性。选取山东省菏泽市农村三种空气干燥基的生物质[麦秸秆（WS）、豆秸秆（CS）、稻秆（RS）]为实验原料，将样品分别压碎至0.180～0.250mm，放入真空干燥箱中在105℃下干燥12h。三种生物质灰的工业分析、元素分析以及灰成分分析见表2-8。

⊡ 表2-8 三种生物质样品的特性

样品	工业分析（质量分数）/%				元素分析（质量分数）/%				
	M_{ad}	V_{ad}	A_{ad}	FC_{ad}	C_d	H_d	O_d	N_d	S_d
WS	3.46	73.79	8.51	14.24	51.40	7.45	39.67	0.63	0.85
CS	9.22	65.23	6.27	19.28	50.12	4.50	44.04	1.13	0.21
RS	5.87	68.51	11.65	13.97	47.19	10.65	40.28	0.92	0.96

样品	灰成分分析（质量分数）/%									
	Na_2O	K_2O	MgO	CaO	Fe_2O_3	SO_3	Al_2O_3	SiO_2	Cl_2O	P_2O_5
WS	1.24	32.56	9.22	9.64	2.48	3.83	1.92	30.14	7.85	1.12
CS	0.48	26.34	8.62	16.86	4.17	1.52	5.97	26.58	8.49	0.97
RS	0.85	20.30	1.70	3.21	0.80	1.20	2.37	62.51	6.03	1.03

注：M—水分；A—灰分；V—挥发分；FC—固定碳；ad—空气干燥基；d—干燥基。

由表2-8可知，三种生物质样品中的挥发分含量较高（WS：73.79%；CS：65.23%；RS：68.51%），RS中的灰分含量高于其他两种。三种秸秆中氧化铝含量较低（WS：1.92%；CS：5.97%；RS：2.37%），RS中二氧化硅含量高于其他两种（RS：62.51%），而且碱性氧化物含量相对较高（特别是K_2O，WS：32.56%；CS：26.34%；RS：20.30%）。高岭石和白云石由天津大学生产。

b. 三种生物质灰熔融温度的变化。三种生物质的实验室灰样根据ASTM E1755-01标准制备。将干燥的原料放入马弗炉中并通过程序升温程序加热。以10℃/min的速度将温度升高至250℃并保持30min，然后在30min内将温度升至575℃并保持3h。不同温度的生物质灰样品按如下程序进行制备：将添加剂（高岭石和白云石）粉碎至小于0.120mm，以一定的质量分数（0、5%、10%、15%和20%）加入三种秸秆灰中，并分别混合至均匀。首先将灰分样品（约1.0g）放入陶瓷坩埚中，然后将坩埚转移到固定床管式炉（图2-8）的低温区。之后导入50%二氧化碳和50%氢气的混合气体以模拟生物质气化过程中的还原性气氛，并以5℃/min加热至预设温度。随后，将陶瓷坩埚插入炉子的恒温区，并将温度保持15min。最后，取出样品并迅速放入冰水中，以避免灰分样品的晶体偏析和相变。将淬火后的样品在真空干燥箱中105℃下干燥36h，然后储存在干燥器中。在测量之前将样品研磨至小于0.074mm。

根据ASTM D1857标准，在还原性气氛（CO_2/H_2，体积比1∶1）下，使用KDHR-8智能灰熔点测定仪测定样品（秸秆灰或混合灰）的灰熔融温度。三种生物质灰4个特征温度[变形温度（DT）、软化温度（ST）、半球温度（HT）和流动温度（FT）]见表2-9。三种生物质的灰熔融温度（AFT）从高到低的顺序为RS＞CS＞WS。氧化钾（K_2O）含量对AFT的影响受硅、铝和钙含量的影响；对于具有高二氧化硅/氧化铝值的生物质灰，AFT

随着 K_2O 含量的增加而降低。

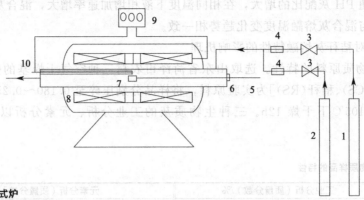

图 2-8 固定床管式炉

1—氢气瓶;2—二氧化碳气瓶;3—气阀;4—质量流量计;5—可移动样品送入器;6—密封装置;

7—不锈钢样品槽;8—电加热装置;9—温度控制器;10—热电偶

⊡ **表 2-9 三种生物质灰 4 个特征温度**　　　　　　　　　　　　　　　　　　　　　　单位:℃

生物质	DT	ST	HT	FT
WS	962	1055	1092	1123
CS	1065	1105	1124	1164
RS	1120	1170	1250	1310

　　加入不同质量分的添加剂后,三种秸秆的 AFT 变化趋势见图 2-9。三种秸秆的 AFT 均随着添加剂质量分数的增加而增加。对于高 AFT 的 RS,其 AFT 增加慢于其他两个低 AFT 的秸秆(WS 或 CS),并且在相同质量分下两种添加剂与 RS 混合后 AFT 变化趋势的差异很小,这可能是由于 RS 中硅含量高(SiO_2:62.51%)。然而,对于低硅含量的 WS 和 CS,在相同质量分下加入不同添加剂后其 AFT 变化趋势有所不同。随着高岭石含量的增加,DT 比其他三个温度增加得更多;而对于添加白云石,其 FT 比其他三个温度增长得更快。

　　c. 桥键理论分析。高温下的灰分可以看成是 SiO_2 复杂结构的硅酸盐熔体。硅和氧原子之间的关系用桥接键(BO,Si—O—Si)和非桥接氧键(NBO,Si—O)来表示。AFT 与网状结构稳定性相关,网状结构稳定性由网状结构的形成量和网状结构改变量的比率决定。在灰分化合物中,具有高离子势的酸性氧化物(例如 SiO_2 和 Al_2O_3)易于与氧结合以产生硅酸盐和铝硅酸盐稳定网状结构,使 AFT 升高;而结构的改性剂(例如 Na_2O、K_2O)通过将稳定的骨架硅酸盐和环硅酸盐转化为硅酸盐,将 BO 转化为 NBO,导致 AFT 降低。混合物结构中的 NBO 与 BO 比率随组成而变化,从而引起 AFT 变化。煤灰组成中 NBO/BO 根据公式 $NBO/BO=[CaO+MgO+K_2O+FeO-(Al_2O_3+FeO)]/[SiO_2+2(Al_2O_3+FeO)]$ 进行计算,其中氧化物组成用摩尔分数表示。基于表 2-8 计算的 CS 和高岭石混合物的灰分组成(高岭石折合成二氧化硅和氧化铝计算)见表 2-10。基于表 2-10 的 NBO/BO 随高岭石添加量的变化见表 2-11。对于三种混合秸秆灰,BO 含量随着高岭石的增加而增加,导致添加高岭石的三种秸秆灰的 AFT 增加。此外,随着高岭石含量的增加,WS 混合灰的 NBO/BO 比 CS 混合灰下降更明显(WS:0.524-0.312=0.212;CS:0.249-0.187=0.062),导致了它们的 AFT 变化不同。因 WS 的 NBO/BO 高于 CS,因此可能导致 CS 具有更高的

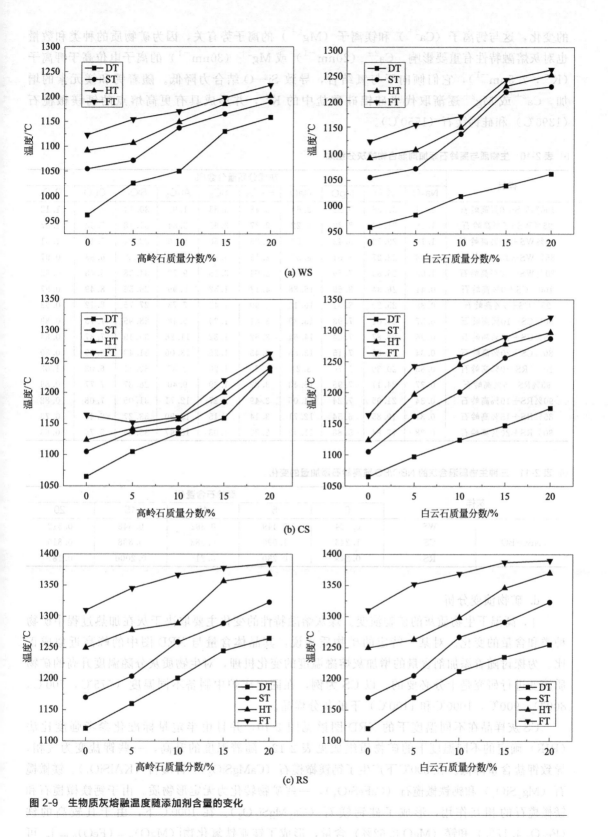

图 2-9　生物质灰熔融温度随添加剂含量的变化

AFT。然而，NBO/BO 变化不能解释 RS 的 AFT 高于 WS 和添加白云石的三种秸秆的 AFT

的变化，这与钙离子（Ca^{2+}）和镁离子（Mg^{2+}）的离子势有关，因为矿物质的种类和数量也对灰熔融特性有重要影响。Ca^{2+}（$20nm^{-1}$）或 Mg^{2+}（$30nm^{-1}$）的离子电位高于钾离子（K^+，$7.5nm^{-1}$），它们倾向于与氧结合，导致 Si—O 结合力降低。随着钙和镁元素的增加，Ca^{2+} 或 Mg^{2+} 逐渐取代半硅铝硅酸盐中的 K^+，并形成具有更高熔点的钙镁橄榄石（1390℃）和硅钙镁石（1550℃）。

▣ 表 2-10　生物质与高岭石添加剂混合物的灰分组成

样品	灰成分质量分数/%									
	Na_2O	K_2O	MgO	CaO	Fe_2O_3	SO_3	Al_2O_3	SiO_2	Cl_2O	P_2O_5
100%WS+0%高岭石	1.24	32.56	9.22	9.64	2.48	3.83	1.92	30.14	7.85	1.12
95%WS+5%高岭石	1.18	31.14	8.82	9.22	2.37	3.65	3.84	31.18	7.53	1.07
90%WS+10%高岭石	1.13	29.72	8.42	8.80	2.25	3.50	5.76	32.24	7.17	1.01
85%WS+15%高岭石	1.08	28.27	8.01	8.37	2.15	3.33	7.73	33.3	6.83	0.97
80%WS+20%高岭石	1.02	26.80	7.59	7.93	2.04	3.15	9.72	34.38	6.48	0.92
100%CS+0%高岭石	0.41	26.34	8.69	16.86	4.17	1.52	2.37	26.56	8.49	0.97
95%CS+5%高岭石	0.39	25.20	8.31	16.13	3.99	1.45	7.73	27.75	8.12	0.93
90%CS+10%高岭石	0.37	24.04	7.93	15.39	3.81	1.39	9.48	28.95	7.75	0.89
85%CS+15%高岭石	0.36	22.87	7.54	14.64	3.62	1.32	11.26	30.19	7.37	0.84
80%CS+20%高岭石	0.34	21.68	7.15	13.88	3.43	1.25	13.06	31.43	6.99	0.80
100%RS+0%高岭石	0.85	20.30	1.70	3.21	0.80	1.20	2.37	62.51	6.03	1.03
95%RS+5%高岭石	0.37	24.11	7.95	15.43	3.82	1.39	9.40	28.87	7.77	0.89
90%RS+10%高岭石	0.34	21.95	7.24	14.05	3.49	1.27	12.71	31.05	7.08	0.82
85%RS+15%高岭石	0.31	19.85	6.54	12.71	3.14	1.15	15.90	33.27	6.40	0.73
80%RS+20%高岭石	0.28	17.84	5.88	11.42	2.82	1.03	18.97	35.35	5.75	0.66

▣ 表 2-11　三种生物质混合灰的 NBO/BO 随高岭石添加量的变化

灰样		高岭石含量/%				
		0	5	10	15	20
NBO/BO	WS	0.524	0.449	0.392	0.348	0.312
	CS	1.246	1.090	0.983	0.888	0.810
	RS	0.249	0.230	0.215	0.2000	0.187

　　d. 矿物演变分析

　　i. 高温下生物质灰的矿物演变。煤灰熔融特性的变化主要取决于灰在加热过程中矿物种类和含量的变化。对某一特定的矿物质来说，其晶体含量与 XRD 图中的峰高近似成正比。为探讨随着添加剂含量的增加灰熔融温度的变化机理，对生物质灰分随温度升高的矿物质演变进行研究是十分必要的。以 CS 为例，在固定床炉中制备不同温度（575℃，700℃，800℃，900℃，1000℃和1100℃）下的灰分样品。

　　CS 灰样品在不同温度下的 XRD 图谱见图 2-10，并且由半定量标准化参考强度比法（RIR）确定的不同温度下的矿物质组成见表 2-12。随着温度的升高，一些钾盐变为气相，导致钾盐含量降低。在 800℃下产生了钙镁橄榄石（$CaMgSiO_4$）、钾霞石（$KAlSiO_4$）、镁橄榄石（Mg_2SiO_4）和钙铁橄榄石（$CaFeSiO_4$），一些矿物转化为无定形物质。由于钙镁橄榄石和镁橄榄石的相互作用，形成了硅钙镁石（$Ca_3MgSi_2O_8$）。在 1000℃ 下，由于其较高的铁（Fe_2O_3 4.17%）和镁（MgO 8.62%）含量，形成了镁亚铁氧化物[$(MgO)_{0.77}(FeO)_{0.23}$]。可以推断出发生的反应如下：

$$CaO + MgO + SiO_2 \longrightarrow CaMgSiO_4 \tag{2-15}$$
$$KCl + SiO_2 + Al_2O_3 + H_2O \longrightarrow KAlSiO_4 + HCl \tag{2-16}$$
$$\alpha\text{-}FeO(OH) \longrightarrow FeO \tag{2-17}$$
$$FeO + CaO + SiO_2 \longrightarrow CaFeSiO_4 \tag{2-18}$$
$$MgO + SiO_2 \longrightarrow Mg_2SiO_4 \tag{2-19}$$
$$CaMgSiO_4 + Mg_2SiO_4 \longrightarrow Ca_3MgSi_2O_8 + MgO \tag{2-20}$$
$$MgO + FeO \longrightarrow (MgO)_{0.77}(FeO)_{0.23} \tag{2-21}$$

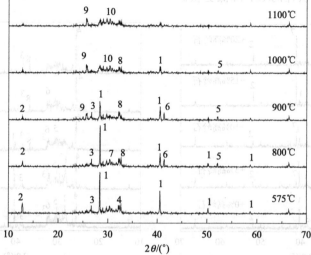

图 2-10　不同温度下 CS 灰的 XRD 谱图

1—氯化钾（KCl）；2—碳酸钾（K_2CO_3）；3—石英（SiO_2）；4—针铁矿 [α-FeO(OH)]；
5—钙镁橄榄石（CaMgSiO_4）；6—钾霞石（KAlSiO_4）；7—镁橄榄石（Mg_2SiO_4）；8—钙铁橄榄石（CaFeSiO_4）；
9—硅钙镁石（Ca_3MgSi_2O_8）；10—镁亚铁氧化物 [$(MgO)_{0.77}(FeO)_{0.23}$]

表 2-12　CS 和其混合物灰在 1000℃ 的矿物质组成（质量分数）　　　　　单位：%

矿物质	CS	CS+ 5%高岭石	CS+ 10%高岭石	CS+ 15%高岭石	CS+ 20%高岭石
氯化钾	18.38	15.27	11.85	5.76	—
钙镁橄榄石	5.37	12.74	20.01	23.98	28.31
生石灰	6.28	3.71	—	—	—
硅钙镁石	32.17	22.19	15.57	12.28	9.42
镁亚铁氧化物	11.21	8.37	4.25	—	—
钙铁橄榄石	6.11	7.04	8.64	9.57	11.75
钾霞石	—	12.37	24.36	34.49	42.24
无定形物质[①]	20.48	18.31	15.32	13.74	8.28
矿物质	CS	CS+ 5%白云石	CS+ 10%白云石	CS+ 15%白云石	CS+ 20%白云石
氯化钾	18.38	15.37	7.87		
钙镁橄榄石	5.37	4.39	—		
生石灰	6.28	7.87	12.09	14.67	16.27
钙镁橄榄石	32.17	37.24	44.24	51.47	57.46
镁亚铁氧化物	11.21	10.24	9.78	5.37	
钙铁橄榄石	6.11	5.79	4.12	3.22	
氧化镁	—	—	3.24	9.17	11.98
无定形物质[①]	20.48	19.10	18.66	16.10	14.29

①包含一些无定形相和少量碳。

ⅱ．矿物质随添加剂含量增加的转变。随温度的升高，矿物质相互反应引起种类和含量发生变化，一定温度下灰分样品中的矿物成分可用于预测灰的熔融特性。因此，可通过XRD测定1000℃下CS混合灰的矿物组成，来分析添加高岭石和白云石对CS的AFT的影响规律。图2-11为CS及其混合物在1000℃下的XRD图，表2-12为基于RIR方法计算出来的矿物质组成。从图2-11和表2-12中可以看出，随着添加剂（高岭石或白云石）含量的增加，矿物质含量增加且非晶相物质含量降低。添加高岭石（20.48％−8.28％＝12.20％）后，非晶相物质含量比添加白云石（20.48％−14.29％＝6.19％）时下降更明显，可能是因为高岭石与CS混合灰样的DT降低更快。

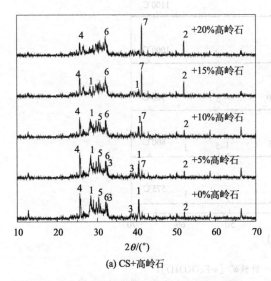
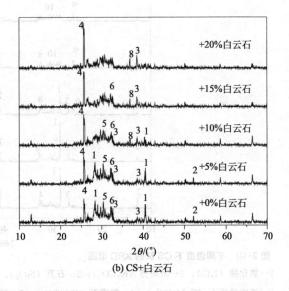

(a) CS+高岭石　　　　　　　　　(b) CS+白云石

图 2-11　CS 及其混合物在 1000℃下的 XRD 谱图
1—氯化钾（KCl）；2—钙镁橄榄石（CaMgSiO₄）；3—生石灰（CaO）；4—硅钙镁石（Ca₃MgSi₂O₈）；
5—镁亚铁氧化物$[(MgO)_{0.77}(FeO)_{0.23}]$；6—钙铁橄榄石（CaFeSiO₄）；7—钾霞石（KAlSiO₄）；8—氧化镁（MgO）

由表2-12可以看出，随高岭石质量分数的添加，生石灰、氯化钾、硅钙镁石和镁亚铁氧化物的含量减少，钾霞石、钙镁橄榄石和钙铁橄榄石的含量增加。这可能是因为高岭石的分解导致石英和氧化铝含量增加，氯化钾、石英和氧化铝经反应（2-16）生成了钾霞石，镁亚铁氧化物分解成氧化镁和方铁矿，氧化镁、方铁矿、二氧化硅经反应（2-18）生成钙镁橄榄石和钙铁橄榄石。这导致硅钙镁石和石灰含量减少，并且钙镁橄榄石和钙铁橄榄石的含量增加。高熔点石灰（2580℃）和硅钙镁石含量随着高岭石的增加而降低，导致FT降低，而高熔点钾霞石（1800℃）含量的增加使FT再次增加，FT的高低主要由高熔点矿物的骨架结构决定。随着白云石质量分数的增加，白云石的分解导致石灰和氧化镁（2852℃）增加；反应式（2-19）和反应式（2-20）使得硅钙镁石和钙镁橄榄石含量增加。

e．FactSage软件计算与分析

ⅰ．Equilib模块计算。进一步探索矿物转化并分析添加剂对秸秆灰熔融特性的影响，使用FactSage7.1软件对还原性气氛（H_2/CO_2，体积比为1∶1）下的两种混合灰的理想平衡矿物组成（85％CS＋15％高岭石以及85％CS＋15％白云石）进行了模拟计算。随着温度升高，秸秆灰中低熔点氯化物（例如KCl）熔融黏附导致粒径增加，使其烧结温度降低。随着温度进一步升高，钾在 $700\sim800℃$ 主要以 KCl 形式释放，硫在 $900℃$ 以上时以 SO_2 形式释放。因此，在归一化之前，先将 SO_3 和 Cl_2O 以 KCl 形式的相应含量从其原始灰分组成中减去，再采用 FactSage7.1 软件计算。灰分样品的相组成温度变化曲线见图 2-12。

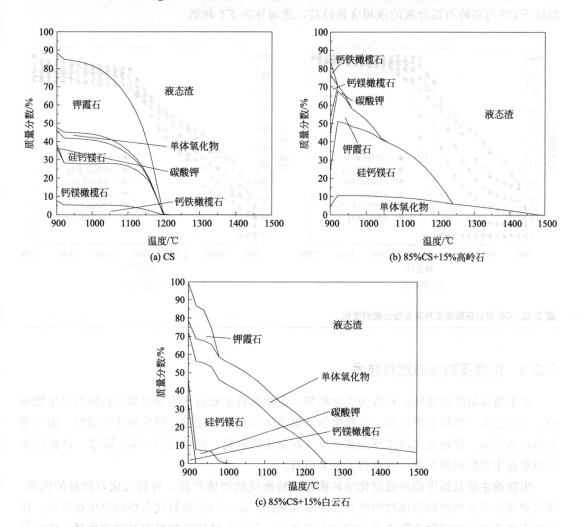

图 2-12　灰样的相组成温度变化曲线

从图 2-11 和图 2-12 中可以看出，基于理想化学平衡状态的计算得到的微小差异，软件模拟计算矿物质变化情况与 XRD 实验结果基本一致。通过 FactSage7.1 软件模拟计算，在 CS 灰中没有形成镁橄榄石[图 2-12(a)]，这可能是因为 CS 灰中氧化镁含量低（8.62%）；85%CS+15% 高岭石灰分在 1500℃ 时完全熔融变为液体，而 85%CS+15% 白云石的灰分样品在 1500℃ 时无法全部变为液体，这可以解释为什么 CS 与白云石混合灰的 FT 高于 CS 与高岭石混合灰的 FT。

ⅱ. 液相分析。FactSage7.1 软件可用于预测还原气氛下随着温度升高灰分样品的固相和液相的比例。根据 FactSage7.1 软件计算的 CS 混合灰随温度升高液相含量的变化见图 2-13。从图 2-13(b) 中可以看出，相同温度下液相比例随着白云石含量的增加而降低，这与白云石和 CS 混合灰的 AFT 变化趋势一致。低温下添加相同质量分数高岭石时，混合灰的液相含量比添加白云石时下降更明显，这可能是因为添加高岭石时混合灰的 DT 比添加白云石时增加得更快。高温下添加相同质量分数高岭石时，混合灰的液相含量比添加白云石时高，这可以解释添加高岭石后混合灰分的 FT 低于添加白云石的 CS 混合灰分，因为在较高温度下 CS 与高岭石混合灰的液相含量较高，进而导致 FT 较低。

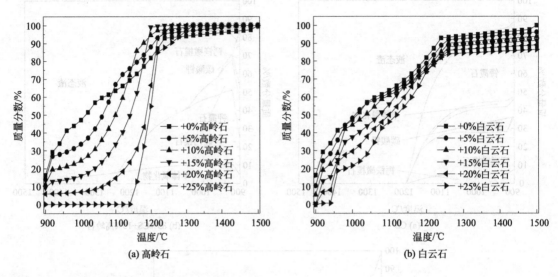

(a) 高岭石　　　　　　　　　　　　　　(b) 白云石

图 2-13　CS 混合灰随温度升高液相含量的变化

2.2.3　生物质制液态燃料技术

由生物质制成的液体燃料称为生物燃料。生物燃料主要包括生物油和燃料醇类（生物甲醇、生物乙醇、生物丁醇）等。虽然生物质制液体燃料起步较早，但发展比较缓慢。由于受世界石油资源、价格变化以及环保和全球气候变化的影响，20 世纪 70 年代以来，许多国家日益重视生物燃料的发展，并取得了显著成效。

生物油主要是指生物质通过化学转换方式转换成的液体产品，可替代化石燃料的汽油、煤油和柴油及含氧燃料添加物甲醇和二甲醚等液体产品，目前最具代表性的是生物柴油。狭义的生物柴油是由植物油脂或者动物油脂制备的、含有长链脂肪酸单烷基酯的燃料，脂肪链长为 8~22 的各种动植物油脂均可用于制备生物柴油；广义的生物柴油是指以生物质为原料，经过物理、化学和生物技术方法制成的具有与化石柴油相似性质，并且可以替代化石柴油应用于交通运输等行业的液体燃料油。德国 Choreri 公司等从 1998 年开始进行新型生物质气化工艺试验，2002 年开始开展各种原料合成液体燃料的研发和工业化生产，经过多年的研发和试制，形成了较为成熟的技术、工艺和生产设备，并建成了示范工厂和小规模的生产车间。生产生物柴油的原料主要包括草本油料作物（油菜、棉花、蓖麻、油莎豆等）、木本油料作物（黄连木、麻疯树、光皮树、文冠果等）、废弃实用油脂等。

2.2.3.1　生物质液化技术

液化技术是生物质能利用的主要化学方式，可以将低品位的固体生物质转化成高品位的液体燃料和化学品。经过近 30 年的研究与开发，车用燃料乙醇的生产已实现产业化，快速热解液化已达到工业示范阶段，加压液化还处于实验室研究阶段。我国生物质资源丰富，每年可利用的资源量达 50 亿吨，仅农作物秸秆就有 7 亿吨。如果将其中的 50％采用生物质液化技术转化为燃料乙醇和生物油，可以得到相当于 5 亿～10 亿吨油的液体燃料，能够基本满足我国能源需求。

生物质液化包括生物化学法生产燃料乙醇和热化学法生产生物油。热化学法又可分为快速热解液化和加压液化。目前达到工业示范规模的各种快速热解液化工艺（设备），主要有旋转锥反应器、携带床反应器、循环流化床反应器、涡旋反应器、真空热解反应器等，以及处于实验室阶段的等离子体液化工艺。循环流化床工艺具有很高的加热速率和传热速率，且处理量可以达到较高的规模，是目前利用最多、液体产率最高的工艺之一。

在采用纤维素生物酶法的同时，对发酵工艺的关键问题进行攻关，是今后用生物质生产燃料乙醇的发展方向。我国在生物质快速热解液化及加压液化方面的研究工作还很少，与国际先进水平相比有较大差距，开发生物油精制与品位提升新工艺以及降低生产成本，是生物质热化学法液化进一步发展及提高竞争力的关键。

2.2.3.2 生物质水解技术

生物质制取乙醇最主要的原料有糖液、淀粉、木质纤维素等。生物技术制备乙醇的生产过程为先将生物质碾碎，通过化学水解（一般为硫酸）或者催化酶作用将淀粉或者纤维素、半纤维素转化为多糖，再用发酵剂将糖转化为乙醇，得到乙醇体积分数较低（5％～15％）的产品，蒸馏除去水分和其他一些杂质，最后将浓缩的乙醇（一步蒸馏过程可得到体积分数为 95％的乙醇）冷凝得到液体。木质纤维素生物质的转化较为复杂，其预处理费用昂贵，纤维素需经过几种酸的水解才能转化为糖，然后再经过发酵生产乙醇。这种化学水解转化技术能耗高、生产过程污染严重、成本高，缺乏经济竞争力。目前正在开发用催化酶法水解，但是因为酶的成本高，尚处于研究阶段。

2.2.4 生物质发酵和沼气技术

2.2.4.1 沼气技术

（1）沼气发酵原理　沼气是生物质经过多种微生物联合厌氧消化作用而生成的可燃气体。厌氧消化就是在无氧的条件下，由兼性厌氧菌和专性厌氧菌联合降解有机物，最终生成二氧化碳、甲烷等气体的过程。沼气发酵过程分为三个阶段。第一阶段为水解液化阶段，兼性厌氧菌和发酵性细菌将原料中较大分子的成分（如纤维素等）水解成可溶于水的有机酸、醇类等。第二阶段为酸化阶段，产氢、产乙酸菌将第一阶段生成的有机酸和醇继续分解成简单的有机酸，同时生成氢气和二氧化碳。第三阶段为甲烷化阶段，产甲烷菌将第二阶段生成的小分子物质转化为甲烷和二氧化碳气体，即发酵的最终产物为沼气。

（2）沼气发酵工艺

① 沼气细菌。制取沼气必须有沼气细菌。含有优良沼气菌种的接种物普遍存在于粪坑底污泥、下水道污泥、正常使用的沼气池料液及反刍动物（牛羊）新鲜的粪便中。向启动的沼气池加入发酵污泥，加入接种物的操作过程称为接种。加入接种物的数量一般应占发酵料液总质量的 10％～30％。沼气发酵微生物种类繁多，可分为产甲烷群落和不产甲烷群落。

② 发生环境。沼气发酵中起主要作用的微生物都是严格厌氧的，必须在隔绝空气的条件下，才能进行正常的生命活动。所以，沼气池必须严格密封，不漏水、不漏气，保证沼气细菌的正常生命代谢活动。

③ 发酵原料。沼气发酵原料是产生沼气的物质基础，又是沼气细菌赖以生存的营养来源。沼气细菌在沼气池内正常繁殖过程中，必须从发酵原料里吸取充足的营养物质（如水分、碳元素、氮元素，大量元素硫、磷、钾、钠、钙、镁，微量元素铁、铜、锰、钼、镍、钴等用于生命活动）成倍繁殖细菌和转化沼气。常见的植物秸秆、人畜粪便、树叶杂草、城市垃圾、工厂有机废水、污水处理厂的污泥等都可作为沼气发酵的原料。

④ 发酵温度。沼气发酵时温度的高低直接影响原料的消化速度和产气率，在适温范围内温度越高，沼气细菌的生长繁殖就越快，产气也就越多。通常产气高峰一个在35℃左右，另一个在54℃左右。这是因为在这两个最适宜的发酵温度中，有两个不同的微生物群参与作用。

⑤ 发酵pH值。沼气微生物的生长、繁殖要求发酵原料的酸碱度保持中性或微偏酸性（即pH值为6.5～7.5），过碱、过酸都会影响产气。测定表明：pH值为6～8时，均可产气；以pH值为6.8～7.5时，产气量最高；pH值低于4.9或高于9时均不产气。

⑥ 沼气发酵工艺。沼气发酵的工艺流程一般包括原料预处理、发酵前准备、发酵运转及管理和发酵后期处理几个阶段。农村户用沼气池具有配套设施简单、建设和运行成本低、无需运行动力、地理环境适应能力强等优点。

2.2.4.2　沼气技术的应用

我国是世界上开发沼气较多的国家，最初主要是针对农村的户用沼气池，以解决秸秆焚烧和燃料供应不足的问题。大中型废水沼气、养殖业污水沼气、村镇生物质废弃物沼气和城市垃圾沼气的建立扩宽了沼气的生产和使用范围。虽然集约化养殖有效地降低了养殖成本，但是畜禽养殖过于集中，粪便的排放也相对集中，超过了当地环境的承受能力，制约了养殖场本身的可持续发展。由于畜禽粪便中含有丰富的生物质能，将其转化利用不但可以在一定程度上解决上述问题，而且可以获得能量。通过对畜禽粪便的发酵处理，以及对发酵产物的综合利用，解决了畜禽养殖业发展中的障碍，有利于畜禽养殖业规模的不断扩大，满足人们对肉类食品的需要，提高人民的生活水平。

同时，沼气作为家用能源在农村范围内也得到了大规模推广和应用，能源、环境和资源的需求对传统沼气提出了更高要求，其用途将包括大规模集中供气、燃气发电、化工产品等。沼气还可以用于生产以生物质为原料、通过大型自动化的现代工业发酵过程生产的并可用于部分取代石油和天然气的能源产品，即生物燃气。

2.2.5　生物质热解液化技术

生物质热解液化技术不仅能提供高利用价值的液体燃料，而且将可再生资源高品位利用、生态环境的低污染、绿色能源的持续供应等有机地结合在一起，实现了资源、能源和环境的高效统一，因而具有广阔的应用前景。生物质热解液化包括物料的干燥、粉碎、热解、产物焦炭和灰分的分离，气态生物油的冷却及其收集。为了避免裂解原料中的水分被带到生物油中，需要对原料进行干燥，一般要求物料的含水量在10%以下。为了达到很高的升温速率，要求进料颗粒要小于一定的尺寸，不同的反应器对生物质尺寸的要求也不同。热裂解技术要求反应器具有很高的加热速率、热传递速率、严格控制的温度以及热裂解挥发分的快速冷却，这样有利于增加生物油的产率。灰分留在焦炭中，在二次反应中起催化作用，使产生的生物油不稳定，必须予以分离。挥发分产生到冷凝的时间和温度对液体产物的产量和组成有很大影响，停留时间越长，二次反应的可能性越大，为保证生物油产率，需要迅速冷凝挥发产物。热解液化工艺的设计除需要保证反应工艺的严格控制外，还应在生物油收集过程中避免生物油中重组分冷凝造成堵塞。

生物质热解液体燃料可在一定程度上替代石油，生物原油可直接用于各种工业燃油锅炉的燃料，也可对现有内燃机供油系统进行简单改装后直接作为内燃机的燃料。当前生物质热解液化技术的工业应用应以生产化学产品和高附加值产品为主，但从长远角度考虑，随着技术的发展、生产规模的扩大和成本的下降，生物油作为燃料和动力用油将会更具有竞争性；同时，生物油的利用可大大减少 SO_x、NO_x 以及 CO_2 的排放，综合效益更为显著。基于我国生物质资源丰富、石油资源匮乏的国情，我国应该加大投入力度，研究符合我国国情、具有独立知识产权的热解液化技术，同时加强对各种热解机理的研究和新型热解工艺以及高效反应器的开发，进一步加强生物油精制升级的研究，提高生物油的质量，对生物油进行分类使用，使之应用范围更广，增强市场竞争力。

2.3　生物质压缩成型和炭化技术

针对大量农林固体有机废弃物带来的空间、资源浪费等问题，压缩成型和炭化技术应运而生。目前大多数关于农林固体有机物料压缩领域的研究主要是围绕其塑性、弹性、黏弹性、流变性等方面。对于模压成型等，还需考虑物料各组分本身化学性质的变化以及相应的物料成型黏合力类型等。

农林固体有机废弃物主要由纤维素、半纤维素、蛋白质、淀粉、木质素等组成。在压缩过程中，一方面蛋白质与淀粉可塑化直接作为黏结剂；另一方面随温度上升，木质素会软化、熔化充当黏结剂。在压力作用或活化条件下，蛋白质、淀粉、木质素等天然黏结剂使颗粒间产生固体桥接键合作用，在农林固体有机废弃物压缩成型过程中发挥了重要作用。农林固体有机废弃物压缩成型的基本原理是在加压条件下其木质素、淀粉、蛋白质等的胶黏作用、组织致密化等过程同时发生，使有机大分子物质的物理、化学性质发生变化。对于木质素含量较低的原料，在固体成型过程中，可掺入少量的黏结剂，使成型燃料保持给定形状。当加入黏结剂时，原料表面会产生吸附层，颗粒之间产生引力，使生物质粒子之间形成连锁结构。可供选择的黏结剂有黏土、淀粉、植物油、造纸黑液等。

炭化是指有机物通过热解而导致含碳量不断增加的过程。生物质炭化技术将生物质在隔绝空气的环境中加热，析出挥发分，生成生物质炭、生物油、生物质气等产物，具有很高的经济效益和生态效益。

2.3.1　生物质压缩成型燃料

生物质压缩成型燃料是以农林剩余物为主原料，经切片—粉碎—除杂—精粉—筛选—混合—软化—调质—挤压—烘干—冷却—质检—包装等工艺制成的成型环保燃料，其热值高、燃烧充分。农林固体有机废弃物因富含有机质，其可经过加压、加热等方式由原先松散结构转变为致密结构的生物质成型燃料。压缩成型的原理是利用生物质所含具有黏弹性的木质素等在一定的温度和压力下软化而具有黏性作用，将原料紧密地黏结在一起，冷却后强度增大，即可得到燃烧性能类似于木材的生物质成型燃料块。目前使用比较广泛的生物质燃料成型工艺，主要包括湿压缩成型工艺和热压成型工艺。

（1）湿压缩成型工艺　纤维类原料经一定程度的腐化后，会损失一定能量，但是与一般风干原料相比，其挤压、加压性能会有明显改善。在通常情况下，将原料在常温下浸泡数日，即可使其湿润皱裂并部分降解。这种方法常用于纤维板的生产，但也可以利用简单的杠杆和木模将腐化后的农林废弃物中的水分挤出，压缩成燃料块。

（2）热压成型工艺　热压成型是目前普遍采用的生物质压缩成型工艺。其工艺过程一般可分为原料粉碎、干燥混合、挤压成型、冷却包装等几个环节。由于原料的种类、粒度、含水率、成型压力、成型温度、成型方式、成型模具的形状和尺寸、生产规模等因素对成型工艺过程和产品的性能都有一定的影响，所以具体的生产工艺流程以及成型机结构和原理也有一定的差别。但是，在各种成型方式中，挤压成型作业都是关键的作业步骤。

为方便加工及储存，常对农林固体有机废弃物进行压缩打捆。压缩方式主要有闭式压缩和开式压缩两种。闭式压缩为间歇式密闭容器内压缩，包括喂料、压缩、排料3个过程，基于闭式压缩的物料流变学研究较多；开式压缩为流化床式压缩，其成型阻力主要是容器壁对物料的摩擦阻力，便于田间机械化连续作业，在生产中应用广泛，但其比闭式压缩更复杂，存在动力消耗大、捆绳易断裂等问题，技术和设备研发难度更大。

生物质成型燃料可广泛应用于发电、供热取暖等；生物质成型燃料也可用于纺织、印染、造纸、食品、橡胶、塑料、医药等工业产品加工过程中所需高温热水的加热，并可用于企业、机关、学校和服务性行业的生活用热水的加热。生物质成型燃料是我国充分利用秸秆等生物质资源替代煤炭的重要途径，具有很好的发展前景，对于有效缓解能源紧张、治理有机废弃物污染、保护生态环境等都具有重要意义。

2.3.2　生物质炭化燃料

生物质炭化燃料是各种生物质经过干燥、混料、成型、炭化等复杂过程连续生产出来的一种新型燃料，目前主要有纯木质炭化颗粒、农作物秸秆混合炭化颗粒、棕榈炭化颗粒等。生物质炭的制备分为炭化与活化两个过程且二者可分步或同步进行。

根据工艺流程不同，炭化成型工艺可分为先炭化后成型和先成型后炭化两类：先炭化后成型工艺是先将生物质原料炭化成粉粒状木炭后再压缩成型，其工艺流程包括粉碎、原料除杂、炭化、加入添加剂、挤压成型和干燥；先成型后炭化工艺将生物质原料压缩成型和热解炭化有机结合，采用柱塞式压缩成型机将已粉碎的原料压缩成具有一定密度和形状的燃料棒，柱塞将物料沿着压缩套筒推入热解筒内，通过加热将物料炭化得到成型产品，其工艺流程包括原料粉碎、干燥、成型、炭化和冷却。

轻度炭化法生物质成型技术的特点是将传统的成型技术分两步完成：第1步是采用酸碱催化法或中温干馏工艺对秸秆物料进行轻度炭化处理（经轻度炭化处理后的秸秆物料热密度值可提高2000~4000kJ/kg），同时消除秸秆物料的弹性，改善秸秆物料的表面活性；第2步是将炭化的秸秆物料与少量黏结剂、脱水牛粪或沼渣（含水率在50%以下）混合，在普通成型机中成型。该技术的关键点是采用酸碱催化法或中温干馏工艺对秸秆原料进行轻度炭化处理。

（1）酸碱催化法　酸碱催化法是从秸秆原料的主体成分构成入手，脱去原料中的分子水以达到提高热密度值的目的。大部分秸秆原料的主体成分是纤维素、木质素和一定量的糖分、蛋白质、脂肪等，这些化合物中含有大量的羟基（—OH）及氢基（—H）。该技术采用酸或碱及少量化学辅料组成的催化剂在一定温度下，促使上述化合物中的羟基和氢基结合，按一定的氢氧比气化脱出，使秸秆物料的构成分子得到羰基化、烯烃化、醚化等复杂的化学键重排，同时秸秆物料中的纤维素等高分子化合物分子骨架得到一定程度的断裂破坏。最终，经加工后的秸秆物料变黑（炭化）、变脆（失去弹性）、易粉碎等，有效地提高了秸秆物料的成型性能。

（2）中温干馏工艺　传统秸秆干馏工艺技术是指在隔绝氧气状态下对秸秆物料进行加热，将沥青质蒸出制备碳素燃料，一般加热温度可高达 500℃ 以上。虽然按此工艺技术得到的碳素燃料热值高、挥发分含量低，但是碳素燃料的收率低，只有约 30%。中温干馏技术是指在秸秆物料干馏工艺中引入脱水催化剂，使干馏过程的初始温度比传统工艺降低 30～50℃，最高干馏温度控制在 280℃ 以下，即干馏温度被控制在秸秆物料中沥青质的蒸出温度以下，这将使秸秆物料的干馏产品收率得到提高（大于 60%）。该催化剂使干馏过程的低温初始阶段主要以脱去分子水为主（其脱水原理与酸碱催化法秸秆炭化的机理相似），同时，由于干馏温度及加热速率得到准确控制，使后续阶段得到的木醋液产品浓度得以提高且质量稳定，易于商品化。

（3）技术优势　该技术在酸碱催化剂的作用下，可在 150℃ 以下脱去秸秆中的分子水，形成轻度脱水炭粉，提高原料的可加工性，克服传统固化方法的缺陷；在化学催化剂配合下，完成 280℃ 以下的干馏操作，提高干馏过程秸秆炭粉的收率，而且环境效益显著；可结合利用符合一定要求的牛粪和沼渣，提升废弃物的利用空间和效率，同时延长农牧业经济体系的链条，填补农业循环经济中的一个重要环节；所得生物质燃料块可在普通的成型机中压制成型，降低生产环节对设备的要求，降低技术推广的难度。

炭化木质颗粒与煤炭的性质比较见表 2-13。由表 2-13 可以看出，通过炭化成型克服了生物质燃料的缺点：低热值，高水分含量，能量密度低；体积太大，长距离运输不经济；不均匀性燃烧特性的巨大差异；大小、形状和类别差异大，燃烧效率低；燃烧时产生烟，难以研磨成粉（易磨性差）；易吸湿（储存时吸收水分）。生物质炭化成型燃料具有密度高、强度大，便于运输和装卸，易燃和燃烧性能好，以及热值高、灰渣少、燃料操作控制方便等优点。目前，生物质炭化成型技术已经具备设备投入费用较低、设备磨损较小、生产过程能源消耗强度低等优点，而炭化成型工艺的难点在于黏结剂的选择、成型过程中焦炭的配比、引燃剂用量等问题。

⊡ 表 2-13　炭化木质颗粒与煤炭的性质比较

项目	煤炭	炭化木质颗粒
发热量	25GJ/t	22GJ/t
灰分	10%	3.0%
硫黄	3.0%	0.1%
氮气	1.5%	0.2%
氯气	0.05%	0.01%

2.4 低品质生物质能转化技术

2.4.1 低品质生物质概述

低品质生物质是指一些热值低、灰分含量高的生物质，如畜禽粪便、城市生活垃圾、工业污泥等。随着经济发展和生活水平的提高，低品质生物质的数量逐年增加。这些低品质生物质的存在，对环境造成了污染。例如，中国每年产生的畜禽粪便约 26 亿吨，目前仅有一小部分作为农家肥使用，绝大多数未经处理直接排入环境，造成水体富营养化、大气污染、疾病传播等问题，也直接或间接污染土壤、毒害农作物。由于缺乏有效的管理和处理利用技术，畜禽粪便已经成为主要的污染源之一。随着环保意识的增强和能源技术的提高，低品质生物质的高效洁净转化成为近年来研究和发展的重要方向之一。

2.4.2 畜禽类粪便的利用技术

合理利用畜禽废弃物，不仅能合理地利用资源，消除环境污染，还能提高畜产品的质量。国内对于畜禽废弃物的资源化利用主要体现在沼气工程、肥料化利用等方面。通过热化学转化可快速地将低品质的畜禽粪便转化为高品质液体燃料及气体燃料，在促进经济效益及生态效益提高、实现畜牧业可持续发展、缓解日益严重的温室效应等方面意义重大。

畜禽粪便通过热解或气化工艺可以得到热解油类燃料或气体燃料。畜禽粪便气化工艺的能量利用效率较高，投资相对较小，设备技术比较简单，并且气化工艺在化石燃料及其他生物质应用上比较成熟。因此，气化工艺在畜禽粪便能源化处理方面优势很明显。在畜禽粪便气化领域，国外研究尚处于示范实验阶段，对气化过程中空气污染物排放和焦渣特性的研究较多，我国则处于实验室研究阶段。

2.4.3 城市生活垃圾的利用技术

随着垃圾处理技术的进步，垃圾的资源价值逐步显现，国际上垃圾资源回收与再生行业蓬勃发展。目前世界各国的处理方法以不造成二次污染、减少占地以及达到资源再利用为原则，大致分为填埋、焚烧、堆肥、分选处理等 4 种。热转化技术为垃圾的高效洁净转化提供了新途径。目前垃圾的热转化技术主要包括垃圾热解技术、垃圾与煤共焦化技术、垃圾焚烧发电技术等。

2.4.4 工业污泥的利用技术

污泥是污水处理厂污水处理的二次产物，其成分复杂，含有大量的微生物、病原体、重金属、有机污染物等，如处理不当，将会造成二次污染。如何对污泥进行经济、有效的处置一直是国内外环境工程及岩土工程界所关注的重要课题。污泥处理是对污泥进行浓缩、调质、脱水、稳定、干化或焚烧的加工过程。随着我国经济的发展，城市废水排放量日益增多，污泥产生量也随之大幅度提高，污泥处理处置逐渐成为国内外关注的焦点。

国内外现有的处理处置方式主要包括卫生填埋、水体消纳、焚烧、堆肥处理、土地利用等。我国目前主要的污泥处置方式是填埋，而最适合我国的污泥处理方式是土地利用和燃烧发电。随着科技的进步，我国必将推出更加有效、合理的处理处置方式，最终实现城市污泥处理处置的减量化、无害化、稳定化和资源化。

本章小结

本章在介绍生物质能概念、分类以及我国生物质能发展的基础上，对生物质能转化（直接燃烧、气化、制液态燃料、发酵产沼气和热解）、生物质压缩成型及炭化技术进行了阐述，并对低品质生物质（畜禽类粪便、城市生活垃圾和工业污泥）的能源开发利用技术进行了分析和归纳总结。

灰熔融流动特性是影响生物质转化的重要因素，在探讨分析生物质灰熔融特性的基础上，采用添加剂和配煤两种途径对生物质灰熔融流动特性的调控机制进行了较为系统的阐述。低品质生物质转化是减少环境污染和资源化利用的重要手段，目前已成为国内外研发的重要热点与方向。

第3章

电池能

3.1 电池能概述

3.1.1 电池概述

（1）电池的基本概念及其性能参数

① 电池的基本概念。电池是指盛有电解质溶液和金属电极以产生电流的杯、槽或其他容器或复合容器的部分空间，将化学能转化成电能的装置，具有正、负极之分。随着科技的进步，电池泛指能产生电能的小型装置，如太阳电池。利用电池可以得到具有稳定电压、稳定电流、长时间稳定供电和受外界影响很小的电流，并且电池结构简单，携带方便，充放电操作简便易行，不受外界气候和温度的影响，性能稳定可靠。电池在现代社会生活中的各个方面正发挥很大的作用。

② 电池的性能参数。其性能参数主要有电动势、额定容量、额定电压、内阻、充放电速率、寿命、自放电率等。

a. 电动势。电动势是组成电池两个电极的平衡电极电位之差，电动势的大小与温度及电解质溶液浓度有关。

b. 额定容量。在设计规定的条件（如温度、放电率、终止电压等）下，电池应能放出的最低容量，单位为 A·h，以符号 C 表示。

c. 额定电压。电池在常温下的典型工作电压，又称标称电压，它是选用不同种类电池时的参考。电池的实际工作电压等于正、负电极的平衡电极电势之差，随使用条件不同而发生变化。

d. 内阻。内阻是指电流通过电池内部时受到的阻力。它包括欧姆内阻和极化内阻，极化内阻又包括电化学极化内阻和浓差极化内阻。内阻直接影响电池的工作电压、工作电流及输出的能量和功率。对于电池来说，其内阻越小越好。

e. 充放电速率。分为时率和倍率两种表示法。时率是以充放电时间表示的充放电速率，数值上等于电池的额定容量（A·h）除以规定的充放电电流（A）所得的小时数。倍率是充放电速率的另一种表示法，其数值为时率的倒数。原电池的放电速率是以经某一固定电阻放电到终止电压的时间来表示。放电速率对电池性能的影响较大。

f. 寿命。电池寿命通常分为储存寿命和循环寿命。储存寿命指从电池制成到开始使用之间允许存放的最长时间。储存寿命有干储存寿命和湿储存寿命之分。循环寿命是蓄电池在满足规定条件下所能达到的最大充放电循环次数。

g. 自放电率。即电池在存放过程中电容量自行损失的速率。用单位储存时间内自放电损失的电容量占储存前电容量的百分数表示。

（2）电池的分类　电池有不同的分类方法，一般可分为以下几种。

① 按电解质溶液种类划分，包括：碱性电池，电解质主要以氢氧化钾水溶液为主的电池，如碱性锌锰电池（碱锰电池）、镉镍电池、镍氢电池等；酸性电池，主要以硫酸水溶液为介质的电池，如铅酸电池等；中性电池，电解质为盐溶液的电池，如锌锰电池、海水电池等；有机电解质溶液电池，主要是以有机溶液为介质的电池，如锂离子电池等。

② 按工作特性和储存方式划分，包括：一次电池，即不能再充电的电池，如锌锰电池等；二次电池（可充电电池），如镍氢电池、锂离子电池、镉镍电池、铅酸电池等；燃料电池，即正、负极本身不包含活性物质，活性材料在电池工作时连续不断地从外部加入的电池，如氢氧燃料电池等；储备电池，即电池储存时不直接接触电解质溶液，直到电池使用时才加入电解质溶液，如海水电池等。

③ 按电池正、负极材料划分，包括：锌系列电池，如锌锰电池、锌银电池等；镍系列电池，如镉镍电池、镍氢电池等；铅系列电池，如铅酸电池等；锂系列电池，如锂离子电池、锂锰电池等；二氧化锰系列电池，如锌锰电池、碱锰电池等；空气（氧气）系列电池，如锌空气电池等。

3.1.2　电池的发展趋势

3.1.2.1　不同种类电池的市场情况

电池包括物理电池和化学电池。物理电池是利用物理效应，将太阳能、热能或核能直接转换成直流电能的装置，如太阳电池、热电转换器件、空间核电源等。化学电池是一种将化学能直接转变成直流电能的装置，如铅酸电池、锂离子电池、燃料电池等。

目前，全球电池需求仍以化学电池为主。在全球市场范围内，铅酸电池由于技术成熟、安全性高、循环再生利用率高、适用温带宽、电压稳定、组合一致性好及价格低廉等优势，在电池市场占据主导地位。2017年，全球铅酸蓄电池市场规模约为430亿美元。从全球铅酸电池产能规模来看，中国是生产大国，产量占全球的比重达到45%左右；其次是美国，产量占比约为32%；日本位居第三，占比接近13%。此外，还有德国等。环境问题将是影响未来铅酸电池市场的关键因素：由于铅酸电池生产过程中大量使用重金属铅，如果不能有效控制污染物排放，会对环境造成不良影响。

相比铅酸电池，得益于近年来智能手机、平板电脑等的普及以及新能源汽车等新兴市场的崛起，锂电池市场得到快速发展。从产品结构来看，截至2016年底，消费型锂电池市场需求最大，占比达到52.9%；其次是动力型锂电池，占比已上升至38.6%。从锂电池市场格局来看，中国、日本和韩国形成了三足鼎立局面，生产的锂电池占全球产量的90%以上。

3.1.2.2　电池产业的发展趋势

（1）全球电池行业将持续发展　随着全球经济逐步复苏，下游市场需求释放，全球电池行业有望实现中高速增长。数据显示，截至2017年底，全球电池行业市场规模已达到

8338.7亿元，回暖趋势明显（图3-1）。

图3-1 2010～2017年全球电池行业市场规模变化情况

（2）储能市场逐步形成　储能电池发展潜力巨大，但由于成本、技术、政策等原因仍处于市场导入阶段，相对于动力电池增长滞后。未来随着技术逐渐成熟、成本逐步下降，储能市场有望成为拉动锂电池消费的另一个增长点。

（3）电池企业逐渐重视回收体系　将废旧锂离子电池中的镍、钴、锰、锂等有价金属进行循环利用生产锂离子电池正极材料，是规避原生矿产短缺及价格波动风险，实现经济可持续发展的有效途径。目前电池回收行业规范仍处于起始阶段，随着动力电池报废规模的逐步增长，动力电池回收规则的明确、回收渠道的规范和动力电池拆解回收技术的进步，锂电池梯次利用和报废回收的规模将逐年扩大。

（4）三元新材料体系逐渐崛起　相比磷酸铁锂和低镍三元材料，高镍三元材料由于镍元素比例的提高，在比能量上有更大优势，动力电池体系的升级换代将突出表现在锂电池领域。除了在技术路线上引入高镍三元材料之外，硅碳负极、复合隔膜、新型锂盐、石墨烯导电剂等新型材料将更多地得到产业化应用。

（5）智能制造加速落地　在全球"智能制造"的大背景下，电池产品传统的制造工艺、分散订单发展模式等很难满足电池市场的高质量、一致性要求，只有瞄准高精度、全自动化、智能化的生产线制造方式，才能适应新市场。未来电池制造企业对于设备自动化、智能化的需求将变得越来越紧迫。

3.2　锂离子电池

3.2.1　锂离子电池概述

锂离子电池是指以两种不同的、能够可逆地插入及脱出锂离子的嵌锂化合物分别作为电池正极和负极的二次电池体系。锂离子电池主要包括电极材料、电解质溶液和隔膜。

3.2.1.1 发展历程

1970 年，Whittingham 采用硫化钛作为正极材料，金属锂作为负极材料，制成首个锂电池。1980 年，Goodenough 发现钴酸锂可以作为锂离子电池的正极材料。1982 年，R. R. Agarwal 和 J. R. Selman 发现锂离子具有嵌入石墨的特性，此过程是快速并且可逆的，人们开始尝试利用锂离子嵌入石墨的特性制作充电电池。首个可用的锂离子石墨电极由贝尔实验室试制成功。1983 年，M. Thackeray 和 J. Goodenough 等发现锰尖晶石是优良的正极材料，具有低价、稳定和优良的导电性能，其分解温度高，且氧化性远低于钴酸锂，即使出现短路、过充电情况，也能够避免燃烧、爆炸的危险。1991 年，索尼公司发布首个商用锂离子电池。1996 年，Padhi 和 Goodenough 发现具有橄榄石结构的磷酸盐（磷酸锂铁，LiFePO$_4$）比传统的正极材料更具优越性，成为当时主流的正极材料。

2019 年，诺贝尔化学奖颁发给 3 位科学家，即约翰·B·古迪纳夫（John B. Goodenough）、斯坦利·威廷汉（M. Stanley Whittingham）和吉野彰（Akira Yoshino），以表彰他们在锂离子电池（简称"锂电池"）方面的研究贡献，再次引起人们对锂电池的关注和讨论。随着相关研究的深入推进，锂电池的发展和应用将迎来更加广阔的前景，为经济、社会的可持续发展、环境保护注入新的动力。

3.2.1.2 锂离子电池特点

锂离子电池具有如下优点。①电池电压高。锂离子二次电池的工作电压在 3.6V 以上，相当于 Cd/Ni 电池或 MH/Ni 电池 1.2V 的 3 倍左右，使用锂离子二次电池有利于减少电池组合可能造成的种种不利影响，利于电子产品轻便化和小型化。②能量密度高。锂离子二次电池的工作电压高，其质量比能量密度和体积比能量密度都要远远高于其他二次电池。③自放电低。由于锂离子二次电池的首次充放电过程中，在炭负极表面形成了固体电解质界面膜，它允许离子通过而不允许电子通过。使得锂离子二次电池的自放电率只有 3%～6%，这要远远低于 Cd/Ni 电池及 MH/Ni 电池的自放电率。④无环境污染，循环寿命长。⑤可快速充电，充电效率高，第 1 次循环后基本上为 100%。⑥使用寿命长。80%放电深度充放电可达 1200 次以上；当采用 LiFePO$_4$ 为正极时，循环次数可达 3000 次以上。

不过需注意的是，锂离子电池还具有下列缺点。①成本高。目前实用化的锂离子二次电池正极材料普遍采用资源稀缺、价格高的钴系材料，使得电池材料价格较高。同时，由于锂离子二次电池中电解质溶液及电极材料对水分敏感，使得电池制造过程中的成本也相应高于其他二次电池。②必须有特殊的保护电路，以防止过充电。③与普通电池的相容性较差。

3.2.2 锂离子电池的原理

3.2.2.1 电极材料

锂电池电极材料分为正极材料和负极材料。

（1）正极材料　锂电池对正极材料的要求如下。①具有层状或隧道状的晶体结构，以利于锂离子的嵌入和脱出，晶体结构牢固，在充放电电压范围内的稳定性好，使电极具有良好的充放电可逆性，以保证锂离子电池长循环寿命。②在充放电过程中，应有尽可能多的锂离子嵌入和脱出，使电极具有较高的电化学容量。③在锂离子进行脱嵌时，电极反应的自由能变化较小，使电池有较平稳的充放电电压，有利于锂离子电池的广泛应用。④有较大的扩散系数，以减少极化造成的能量损耗，保证电池有较好的快速充放电性能。⑤有较高的电导率，能使电池大电流地充电和放电。⑥有较高的氧化还原电位，从而使电池具有较高的输出电压。⑦分子量小，提高电池质量比能量；摩尔体积小，提高电池体积比能量。⑧正极材料不与电解质等发生化学反应，化学性质稳定。⑨价格便宜，对环境无污染。

目前正极材料主要有 $LiCoO_2$、$LiNiO_2$、锂锰氧化物、嵌锂磷酸盐等。$LiCoO_2$ 正极材料的特点为：二维层状结构；电导率高，Li^+ 扩散系数为 $10^{-9} \sim 10^{-7} cm^2/s$；充电上限电压为 4.3V，高于此电压时基本结构会发生改变。该材料通常用高温固相合成法制备。$LiCoO_2$ 正极材料比能量高，工作电压较高（平均工作电压为 3.7V），充放电电压平稳，适合大电流充放电，生产工艺简单、容易制备。但价格昂贵，抗过充电性较差，循环性能有待进一步提高。

$LiNiO_2$ 正极材料为层状结构，通常用高温固相合成法制备。改性方法主要有掺杂和包覆处理，较为成功的是 Co 掺杂。$LiNiO_2$ 正极材料自放电率低，无污染，与多种电解质有良好的相容性，比 $LiCoO_2$ 价格便宜。但 $LiNiO_2$ 正极材料的制备条件非常苛刻，易发生锂镍混排现象；$LiNiO_2$ 的热稳定性差，在同等条件下与 $LiCoO_2$ 和 $LiMn_2O_4$ 正极材料相比，$LiNiO_2$ 的热分解温度最低（200℃左右），且放热量最多，这给电池带来了很大的安全隐患；$LiNiO_2$ 在充放电过程中容易发生结构变化，使电池的循环性能变差。

锂锰氧化物分为尖晶石型 $Li_xMn_2O_4$ 和层状 $LiMnO_2$。在全世界范围内，锰资源非常丰富，无毒、价廉，锂锰氧化物是最有希望取代锂钴氧化物的正极活性物质。尖晶石型 $Li_xMn_2O_4$ 为立方结构（三维隧道结构）。当 $1<x\leqslant2$ 时，Mn 离子主要以+3 价存在，在电解质溶液中会逐渐溶解，发生 Mn^{3+} 歧化反应，即与电解质的相容性不太好；在深度充放电的过程中，材料容易发生晶格畸变，造成电池容量迅速衰减，特别是在较高温度下使用时更是如此。尖晶石型 $Li_xMn_2O_4$ 价格便宜，污染小，比较容易制备，但理论容量不高。

层状 $LiMnO_2$ 在 3.5～4.5V 范围内脱锂容量高，可达 200mA·h/g，但脱锂后结构不稳定，慢慢向尖晶石型结构转变；晶体结构的反复变化会导致体积反复膨胀和收缩，循环性能不好；在较高温度下也会发生 Mn 的溶解而导致电化学性能劣化，需对 $LiMnO_2$ 进行掺杂和表面修饰。与尖晶石型 $Li_xMn_2O_4$ 相比，层状 $LiMnO_2$ 理论容量和实际容量都有较大幅度的提高，但仍然存在以下缺点：①$LiMnO_2$ 存在较高工作温度下的溶解问题；②在充放电过程中，结构不稳定的问题。几种常用锂离子电池正极材料性能的比较见表 3-1。

⊡ 表 3-1　几种常用锂离子电池正极材料性能的比较

项目	$LiCoO_2$	$LiNiO_2$	$Li_xMn_2O_4$	$LiMnO_2$
理论容量/(mA·h/g)	274	275	148	283
实际容量/(mA·h/g)	140	180	110～135	160～190
材料费用	高	一般	比 $LiCoO_2$ 低一个数量级	比 $LiCoO_2$ 低一个数量级
合成难易程度	容易	困难	一般	一般

在嵌锂磷酸盐 $LiMPO_4$（M＝Mn、Fe、Co、Ni）正极材料中，以 $LiFePO_4$ 的研究最为突出，$LiFePO_4$ 的工作电压在 3.4V 左右。与 $LiCoO_2$、$LiNiO_2$、$Li_xMn_2O_4$、$LiMnO_2$ 等正极材料相比，$LiFePO_4$ 具有高稳定性，其更安全可靠、更环保并且价格低廉；理论容量为 $170mA \cdot h/g$，在没有掺杂改性时其实际容量已达 $110mA \cdot h/g$。通过对 $LiFePO_4$ 进行表面修饰，其实际容量可高达 $165mA \cdot h/g$，非常接近其理论容量。影响材料的最主要因素是理论容量不高和 $LiFePO_4$ 在室温下电导率低。

锂离子电池正极材料的发展趋势：层状结构的 $LiMnO_2$ 是极具市场竞争力的正极材料；橄榄石结构的 $LiFePO_4$ 是大型锂离子电池中极有希望的正极材料；用 Co 部分取代 Ni 获得安全性较高的二元正极材料 $LiNi_{1-x}Co_xO_2$，是一个非常重要的发展方向；发展层状镍锰二元材料 $LiNi_{0.5}Mn_{0.5}O_2$ 和尖晶石结构镍锰二元材料 $LiNi_{0.5}Mn_{1.5}O_4$；进一步发展三元正极材料 $Li（Ni_xCo_yMn_z）O_2$。目前商业化的三元材料有 $Li（Ni_{0.4}Co_{0.2}Mn_{0.4}）O_2$、$Li（Ni_{1/3}Co_{1/3}Mn_{1/3}）O_2$ 和 $Li（Ni_{0.5}Co_{0.2}Mn_{0.3}）O_2$。

（2）负极材料　锂电池对负极材料的要求如下。①在锂离子脱嵌过程中自由能变化小。②锂离子在负极固态结构中有高的扩散率。③可逆性高。④有良好的电导率。⑤热力学性质稳定，同时与电解质不发生反应。理想的锂离子电池负极材料应该能够容纳大量的 Li^+，具有较高的离子电导率和电子电导率、良好的稳定性等。负极材料主要分为以下 3 种：嵌入型负极材料、合金化型负极材料和转化型负极材料。

① 嵌入型负极材料。最典型的嵌入型负极材料是碳材料。根据材料石墨化程度的差别，碳材料通常可以分为软炭、硬炭和石墨。常见的软炭材料有石油焦、针状焦、碳纤维、炭微球等；硬炭在 2500℃ 以上也难以石墨化。石墨放电容量为 $350mA \cdot h/g$，具有层状结构，同一层的碳原子呈正六边形排列，层与层之间靠范德瓦耳斯力结合。石墨层间可嵌入锂离子形成锂-石墨层间化合物。石墨类材料导电性好，结晶度高，有稳定的充放电平台，是目前商业化程度最高的锂离子电池负极材料。除了石墨，其他碳材料的储锂机制也基本类似。硬碳材料具有比石墨更高的放电容量。这是因为除了具有与石墨相同的嵌入机制外，硬炭结构上还存在一些微孔或缺陷可供 Li^+ 储存和嵌脱。然而，由于循环效率偏低，电压随容量的变化大，缺少平稳的放电平台，硬炭作为负极材料的应用一直受到限制。

② 合金化型负极材料。常温下锂能与许多金属（如 Sn、Zn、Al、Sb、Ge、Pb、Mg、Ca、Bi、Pt、Ag、Au、Cd、Hg 等）反应，其充放电的机理本质为合金化及逆合金化的反应。通常来说，合金化型负极材料的理论比容量及电荷密度均远高于嵌入型负极材料。同时，这类材料的嵌锂电位较高，在大电流充放电的情况下也很难发生锂的沉积，不会产生锂析晶导致电池短路，对高功率器件有很重要的意义。

③ 转化型负极材料。目前已报道的转化类负极材料有数十种之多，主要是指过渡元素如 Co、Ni、Mn、Fe、V、Ti、Mo、W、Cr、Cu、Ru 的氧化物、硫化物、氮化物、磷化物及氟化物。以前这类材料并不被看好，这类材料的空间结构中没有可供锂离子嵌入和脱出的位置，不符合传统的锂离子嵌脱机制，而且在室温下与锂的反应曾被认为是不可逆的。直至目前几种过渡金属氧化物被发现具有很高的可逆放电容量（3 倍于石墨）后，此类材料才逐渐被研究者们所关注。图 3-2 是一些转化型负极材料的首次放电比容量。

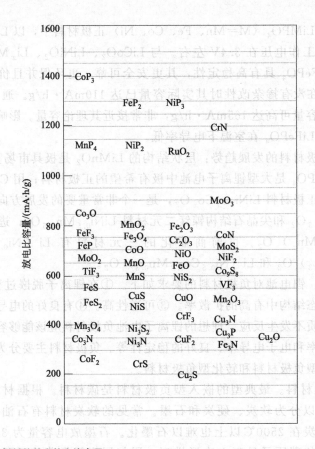

图 3-2 部分转化型负极材料的首次放电比容量

不同于以上三类负极材料，尖晶石结构钛酸锂 $Li_4Ti_5O_{12}$ 也受到了越来越多的关注。$Li_4Ti_5O_{12}$ 的工作电压为 1.5V，相对于一般负极材料偏高，在此电压下，电解质不会分解。因此，以钛酸锂作为电池的负极材料，在循环过程中材料表面不会形成固体电解质界面膜，首次充放电效率高。此外，在锂离子嵌入和脱出的前后，钛酸锂类材料几乎不会发生体积变化，是一种"零应变材料"，具有突出的安全性，有望成为下一代储能电站用锂离子电池的热门候选材料。

3.2.2.2 电解质

目前使用和研究的电解质包括液体电解质、全固态电解质和凝胶型聚合物电解质。

（1）液体电解质 液体电解质主要由有机电解质、有机溶剂和添加剂三种组分构成。它是实现锂离子在正、负极迁移的媒介，对锂电池容量、工作温度、循环效率以及安全性都有重要影响。

对有机电解质的要求：①电导率高，在较宽的温度范围内电导率为 $3 \times 10^{-3} \sim 2 \times 10^{-2}$ S/cm；②电解质的可用液态范围宽，在 $-40 \sim 70$℃ 范围内均为液态；③热稳定性强，在较宽的电位范围内不发生分解反应；④电化学窗口宽，即在较宽的电压范围内稳定，对于锂离子电池而言，要稳定到 4.5V；⑤化学稳定性高，即与电池体系的电极材料、集流体、隔膜、黏结剂等不发生反应；⑥电解质在有机溶剂中具有较高的溶解度；⑦没有毒性，蒸气压低，使用安全；⑧容易制备，成本低；⑨尽量能促进电极可逆反应的进行。

对有机溶剂的要求：①不与电池的活性电极材料发生反应（非质子溶剂），或者能在电极表面反应生成一个离子通过性非常好的膜；②极性高（也就是介电常数大），能溶解足够的锂盐；③黏度低（离子移动速度快），从而使电导率提高；④熔点低，沸点高，蒸气压低，工作温度范围宽。通常溶剂主要由乙烯碳酸酯、二甲基碳酸酯、乙基甲基碳酸酯三类有机溶剂及其混合物组成。

电解质目前仍以六氟磷酸锂为主。添加剂主要有成膜添加剂、阻燃添加剂和过充保护添加剂等。在整个电解质溶液的材料成本中，电解质占比高达 $50\% \sim 60\%$，可以用于电解质的材料有六氟磷酸锂、六氟砷酸锂、四氟硼酸锂、高氯酸锂和双草酸硼酸锂等多种锂盐。目前六氟磷酸锂的综合性能相对最好，是现在的主流电解质，预计在未来的 $6 \sim 10$ 年内其地位都将比较稳固。预计六氟磷酸锂与其他有机锂盐或无机盐进行组合使用将是重要的发展方向之一。几类电解质性能的比较见表 3-2。

⊡ 表 3-2　几类电解质性能的比较

电解质	六氟磷酸锂	六氟砷酸锂	四氟硼酸锂	高氯酸锂	双草酸硼酸锂
化学式	$LiPF_6$	$LiAsF_6$	$LiBF_4$	$LiClO_4$	C_4BLiO_8
优点	导电性好	稳定性好	稳定性较好	稳定性好	稳定性好
缺点	易水解	含有毒物质砷	导电性、循环性差	强氧化性导致易爆炸	溶解度低、电导率低

六氟磷酸锂作为锂离子电池的关键配套材料，其纯度大于 99.9%，水分和游离酸含量要求分别小于 $20mg/kg$ 和 $150mg/kg$。但是，其特点却是极易吸潮而分解。因此，涉及六氟磷酸锂的生产技术包括低温、高温、真空、高压、耐腐、安全、环保等方面，设备要求高，工艺难度大，危险性大。

六氟磷酸锂的主要制备方法有气固反应法、有机溶剂法、离子交换法、氟化氢溶剂法等4 种方法，目前六氟磷酸锂工业化生产大部分都采用氟化氢溶剂法。氟化氢溶剂法虽然使用了腐蚀性介质氟化氢，但由于五氟化磷与氟化锂都易溶于氟化氢中，可以在液相中发生均相反应，使整个反应易于进行和控制。该方法是所有制备六氟磷酸锂方法中最易实现产业化的一种方法。六氟磷酸锂的几类主要制备方法见表 3-3。

⊡ 表 3-3　六氟磷酸锂的几类主要制备方法

方法	优点	缺点
气固反应法	操作相对简单	制备均一 LiF 多孔层难度大，难以工业规模化
有机溶剂法	避免使用剧毒易挥发的氟化氢	五氟化磷会和有机溶剂发生反应，从而引起聚合、分解，导致很难获得高纯度产品
离子交换法	避免了使用昂贵的五氟化磷作为材料	其中使用的醇基锂或氨等同样会和有机溶剂发生反应，且成本高，必须使用无水溶剂
氟化氢溶剂法	整个反应易于进行和控制	使用了腐蚀性介质氟化氢

（2）全固态电解质　全固态电解质包括无机电解质和聚合物电解质两类。

① 无机电解质的选择要求。作为理想的锂无机固体电解质材料，必须尽可能满足下述条件：离子电导率高，尤其是在室温下具有较高的离子电导率，而其电子电导率必须很低，否则充电时很不稳定，会出现漏电情况；相结构稳定性好，在使用过程中不发生相变；化学稳定性要好，尤其在充电时要保持良好的化学稳定性，与金属接触时不能发生氧化还原反应；电化学稳定性好，尤其是电化学窗口宽，例如高于 $4.2V$。

② 聚合物电解质的选择要求。电池体系中的电解质是离子载流子，对电子而言必须是绝缘体，用于锂离子电池的聚合物电解质必须尽可能满足下述条件：聚合物膜加工性优良，室温电导率高；高温稳定性好，不易燃烧；化学稳定性好，不与电极等发生反应；电化学稳定性好，电化学窗口宽；弯曲性能好，机械强度大；价格合理等。

（3）凝胶型聚合物电解质　凝胶型聚合物电解质隔膜聚合物必须满足以下几个必要条件：在较宽的范围内尤其是低温下具有高的离子电导率，以降低电池内阻；锂离子的传递系数基本不变，以消除浓度极化；可以忽略的电子导电性，以保证电极间有效隔离；对电极材料有高的化学稳定性和电化学稳定性；有机溶剂在凝胶聚合物电解质中的蒸气压应尽可能低；凝胶聚合物电解质与电极活性物质之间的黏结性好；所有溶剂均固定在聚合物基体中，保证不发生漏液现象；价格低廉，保证与环境具有良好的相容性；生产过程应尽可能简单，以利于批量生产。

3.2.2.3　隔膜技术

隔膜的主要功能是隔离正负极并阻止电子穿过，同时能允许离子通过，从而完成在充放电过程中锂离子在正负极之间的快速传输。隔膜性能的优劣直接影响电池内阻、放电容量、循环使用寿命以及电池安全性能的好坏。一般说来，隔膜越薄、孔隙率越高，电池的内阻就越小，高倍率放电性能就越好。隔膜的性能及其对电池性能的影响见表3-4。锂电池隔膜材料分类如下：①多孔聚合物薄膜（如聚丙烯膜PP、聚乙烯膜PE、PP/PE/PP膜）；②无纺布（如玻璃纤维无纺布、合成纤维无纺布、陶瓷纤维纸等）；③高孔隙纳米纤维膜；④Separion隔膜（纤维素无纺布上复合 Al_2O_3 或其他无机物）；⑤聚合物电解质隔膜。隔膜制备技术见表3-5。隔膜在整个电池中占有重要地位，其成本约占总成本的 $20\%\sim30\%$。

表 3-4　隔膜的性能及其对电池性能的影响

隔膜的性能	隔膜所起的作用	影响电池的性能
隔离性	正负极颗粒的机械隔离	避免短路和微短路
电子绝缘性	阻止活性物质的迁移	避免自放电，延长寿命
一定的孔径和孔隙率	锂离子有很好的透过性	低内阻和高离子传导率，可大电流充放电
化学/电化学稳定性、耐湿性和耐腐蚀性	稳定地存在于溶剂和电解质溶液中	电池的长寿命
电解质溶液的浸润性	足够的吸液保湿能力	足够的离子导电性，高循环次数
力学性能和防振动能力	防止外力或者电极枝晶，使隔膜破裂	寿命长
自动关断保护性能	温度升高时，自动闭孔	安全性能好

表 3-5　隔膜制备技术

项目	干法		湿法
	单向拉伸	双向拉伸	
工艺原理	晶片分离	晶型转换	相分离
工艺简介	通过生产硬弹性纤维的方法制备微孔膜	加入有机结晶成核剂及纳米微粉材料制备出微孔膜	加入高沸点的烃类液体或低分子量的物质，拉伸后用有机溶剂萃取制备出微孔膜
方法特点	设备复杂，精度要求高，投资较大，控制难度高，环境友好	设备复杂，投资大，工艺较复杂，一般需成孔剂等添加剂辅助成孔	设备复杂，投资大，周期长，工艺复杂，能耗大，控制相对简单
优点	微孔尺寸均匀，微孔导通性好，能生产不同厚度的多层膜产品	微孔尺寸均匀，抗穿刺强度高，横向拉伸强度好，膜厚度范围宽	微孔尺寸均匀，孔隙率和透气性可控范围大，适宜生产较薄产品
缺点	横向拉伸强度差	稳定性差，现只能生产较厚规格的PP膜	工艺复杂，成本高，能耗大，只能生产较薄的PE膜

3.2.3　锂离子电池的应用

锂离子电池是新型高能电池。由于其比能量高、体积小、环境友好而受到各行业的青睐，其应用逐步从手机、笔记本电脑走向新能源汽车等。随着技术的进步和新能源产业的发展，大容量锂离子电池技术和产业的发展非常迅猛，已经成为国际上大容量电池的主流。

3.2.3.1　电子产品

应用类电子产品可以用 3C 来概括，即通信（communication）、便携式计算机（portable computer）和消费电子产品（consumer electronics），包括手机、笔记本电脑、平板电脑等。目前，这些电子产品基本全部采用锂离子电池作为电源。随着中国电子产品的日益发展，锂离子电池在电子产品方面的需求和生产将不断增长。

3.2.3.2　交通工具

锂离子电池在交通方面的应用主要体现在纯电动汽车、混合动力电动汽车等新能源汽车方面。中国新能源汽车虽然没有欧美等发达国家起步早，但国家从维护能源安全、改善大气环境、提高汽车工业竞争力、实现汽车工业跨越式发展等战略高度考虑，通过组织企业、高等院校和科研机构，集中各方面力量进行联合攻关，现正处于研发势头强劲的阶段，部分技术已经赶上甚至超过世界先进水平。

伴随着新能源汽车扶持政策稳步调整，我国新能源汽车产量增速进一步趋稳，动力电池将在未来驱动我国锂离子电池规模持续快速增长；同时，随着全球大力发展新能源汽车的趋势已经形成，未来我国动力电池领域在全球的市场占有率会不断提升。特别是在我国不断出台扶持政策和动力电池标准的态势下，锂电池还将继续具有良好的发展前景，预计到 2030 年，我国 10%～20% 的汽车将为电动汽车。

3.2.3.3　航空航天领域

随着航空航天技术的发展，研制和开发输出功率高、重量轻的储能电源是航天科技工作者一直追求的目标。新型锂离子电池具有更高的比能量、低的自放电等突出优点，其比能量约是镍氢电池的 2 倍、镍镉电池的 4 倍，非常适合航空航天技术的发展需要。国际上锂离子电池技术已在高轨道卫星、深空探测领域取得了工程化应用。我国在航天用锂离子电池储能电源技术的研究中也已取得了突破性进展，例如神舟飞船的伴星就首次采用了大容量锂离子电池。

3.2.3.4　国防军事

在国防军事领域，锂离子电池可以涵盖陆（单兵系统、陆军战车和军用通信设备）、海（潜艇、水下机器人）、空（无人机）、天（卫星、飞船）等诸多兵种。锂离子电池技术已不再是一项单纯的产业技术，它还与信息产业和新能源产业密切相关，更成为现代和未来军事装备不可缺少的重要能源。

目前锂离子电池除了用于军事通信外，还可以用在一些尖端武器之中。尖端武器性能好坏的重要标志之一是动力装置，例如鱼雷、潜艇、导弹等的动力装置；而锂离子电池具有非常好的性能，能量密度高，质量轻，可促进武器向灵活和机动方向发展。

3.2.3.5　微型机电系统和其他微型器件

随着电子工业及微加工行业的迅猛发展，电子产品小型化、微型化、集成化是当今世界技术发展的大势所趋。微电子机电系统如微型传感器、微型传动装置等是近年来最重要的技术创新之一。

微型机电系统是指运用微电子加工技术和微机械加工技术，在较小的物理尺寸上，集成微机械元件、微传感器、微机械、执行器、微电子元件、电路和供能部件的器件或系统。该系统通过电、光、磁等信号与外界发生联系，可以应用于许多领域，例如通信、计算、控制等。常规电池已经不能满足微型机电系统对小型化、集成化日益增长的要求，而一般的电容器储能容量小，因此希望采用高能、质轻的微型电池来代替。这样，锂离子电池则成为理想的候选者。

微型锂离子电池可以作为微型机电系统的主要电源和备用电源。它可以独立于微型机电系统器件或集成电路单独制造，然后再从外部与已经做好的器件相连；也可以作为微型机电系统和集成电路的一个部件，作为内置式的电源使用。这种形式的微型电池可以减少集成电路的功耗；可作为微型医疗器件、远程传感器、智能卡、生物芯片、人体内的微型手术器等的电源；也可以作为备用电源，应用于计算机存储卡和其他类型的静态存储等。总的来说，微型锂离子电池距离真正实用还有一段距离，制造工艺、微型机电系统集成使用的方式等将成为进一步研究和发展的关键技术。随着全固态锂离子电池技术的发展，特别是原位技术的发展，将有可能进一步提高微型锂离子电池的循环性能，实现其产业化。

3.2.3.6 能量储存

随着风电、光伏发电以及智能电网技术的发展，人们迫切需要建立大规模储能电站，以迎合峰谷电力调配和波动性较强的新能源电力并网的需要。目前业界所看好的、适合于大规模储能应用电池技术之一的是锂离子电池。

（1）太阳能和风能的储存　风能发电和太阳能发电这两种发电方式会受到大自然条件变化的影响，具有间歇性和不可控性，属于并网发电系统，因此都需要储能电池。小型风能和太阳能非并网发电系统普遍采用铅蓄电池组作为储能装置。目前风力发电机组已由千瓦级发展到兆瓦级，这就要求储能系统必须大型化。同时，由于发电系统地理位置的限制，储能系统必须安全可靠、使用方便、价格低廉、充电效率高、使用寿命长，并且有充分的抗恶劣天气和使用条件的能力。锂离子电池的能量密度高，充电接受能力很好，没有记忆效应，不需要进行周期性维护充放电，对用户而言比较方便。

（2）智能电网的建设　储能技术可通过功率变换装置，保持系统内部瞬时功率的平衡，避免负荷与发电之间大的功率不平衡，维持系统电压、频率和功率的稳定；提高供电可靠性；满足用户的多种电力需求，减少因电网可靠性或电能质量等带来的损失。此外，还可以协助系统在灾变事故后重新启动与快速恢复，提高系统的自愈能力。锂离子电池因其储能方面的优势，在智能电网的建设中成为首选。

（3）峰谷电的调节　发电场如果配备大规模储能系统可用于电网的"削峰填谷"：在用电"低谷"时可将多余的电能储存，辅助设备容量也会大幅度降低，成本也随之降低；在用电"高峰"时将储存的电能出售给电网，上网电价可以达到"高峰"时的市价，或至少较容易达成协议。采用大规模储能装置，可以降低电网调峰负担，改善电力系统的供需矛盾，同时，也可以增加发电的经济效益。

锂离子电池技术因其在安全性、能量转换效率、经济性等方面已取得重大突破，产业化应用的条件也日趋成熟，因此是最适合我国大规模电力储能的方式之一。

3.3 燃料电池

3.3.1 燃料电池概述

3.3.1.1 燃料电池的特点和分类

(1) 燃料电池的特点　　燃料电池是一种将燃料和氧化剂中的化学能直接转变为电能的电化学装置。燃料电池两极发生电化学反应，其中阳极进行燃烧的氧化过程，阴极进行氧化剂的还原过程，导电离子在阳极和阴极分开的电解质内迁移，电子通过外电路做功并构成电的回路，从而将化学能转化为电能。

燃料电池具有以下特点。①能量转化效率高。由于不经过热机过程，所以不受卡诺循环的限制，实际能量转化效率可达60%~80%，是普通内燃机的2~3倍，理论转化效率可达90%。②环境友好。燃料电池的化学反应产物仅为水，几乎不排放氮的氧化物和硫的氧化物，二氧化碳的排放量也比常规发电厂减少40%以上，工作时声音小，噪声污染小，有利于环保。③使用寿命长。燃料电池与常规电池的主要不同之处在于它的燃料和氧化剂不是储存在电池中，而是储存在电池外部的储罐中。从理论上讲，如果不间断地供给燃料，燃料电池就可以实现不间断地供电，这是其他普通化学电池不能比拟的。④燃料多样。所用的工作物质主要是氢，但其他可用的燃料还包括煤气、天然气、沼气等气体燃料，甲醇、乙醇、柴油等液体燃料，甚至可以包括煤。根据实际情况，可以因地制宜地使用不同燃料或将不同燃料进行组合使用。⑤比能量高。液氢燃料电池的比能量是Cd-Ni电池的800倍，直接甲醇燃料电池的比能量比锂离子电池高10倍以上。目前燃料电池的实际比能量尽管只有理论值的1/10左右，但仍比一般电池的实际比能量高得多。⑥操作方便可靠，灵活性大。燃料电池的结构简单，辅助设备少，几乎可以在任何需要的地方发电，不需要遥远的输电线路和变电站；灵活性大，它的功率可由几瓦到兆瓦级，小到手机，大到大规模发电机，都可以使用；可靠性高。燃料电池的效率与负载无关，整个电池是由单个电池串联的电池组再并联构成的，维修时仅修理基本单元，非常方便。

(2) 燃料电池的分类　　燃料电池有多种不同的分类方法。根据电解质种类的不同，燃料电池可分为碱性燃料电池（AFC）、磷酸燃料电池（PAFC）、熔融碳酸盐燃料电池（MCFC）、质子交换膜燃料电池（PEMFC）、固体氧化物燃料电池（SOFC）和直接甲醇燃烧电池（DMFC）等。

根据工作温度的不同，燃料电池可分为低温型、中温型和高温型3种。其中，低温型工作温度低于200℃，主要为AFC和PEMFC；中温型工作温度在200~750℃之间，PAFC属于此类电池；高温型工作温度高于750℃，MCFC和SOFC属于高温燃料电池。

另外，燃料电池按开发的早晚顺序来区分，可将PAFC称为第一代燃料电池；将MCFC称为第二代燃料电池；将SOFC称为第三代燃料电池。根据燃料种类的不同，可分为氢燃料电池、甲烷燃料电池、甲醇燃料电池、乙醇燃料电池等。根据燃料的类型可分为直接型、间接型和再生型三大类。按照电池的应用方式可分为固定型、便携型、移动型和其他类型。各种燃料电池的性能对比见表3-6。

燃料电池类型	AFC	PAFC	MCFC	PEMFC	DMFC	SOFC
工作温度/℃	室温～90	150～220	760～800	室温～80	室温～130	800～1000
电化学效率	60%～70%	55%	65%	40%～60%	20%～30%	60%～65%
燃料	H_2	天然气、沼气、过氧化氢	天然气、沼气、煤气、过氧化氢	H_2	甲醇	天然气、沼气、煤气、过氧化氢
优点	启动快；室温常压下工作；不用贵金属作为催化剂；材料成本低，电解质成本非常低	电解质成本低；对 CO_2 不敏感；技术成熟，可靠性高，长期运行性能好	燃料适应性广；非贵金属作为催化剂	寿命长；可用空气作氧化剂；可在室温下工作；功率密度最高；启动迅速；输出功率可随意调整	采用甲醇，燃料易于储运，运输成本较低	燃料适应性广，非贵金属可作为催化剂；具有较高的功率密度
缺点	必须使用纯的 H_2 和 O_2；需周期性地更换 KOH 电解质；容易产生 CO_2 中毒	对 CO 和 S 中毒敏感；工作温度高，铂催化剂昂贵；启动时间长；电解质有腐蚀性，运行时必须及时补充电解质	工作温度较高；CO_2 必须再循环；电解质具有腐蚀性；退化/寿命问题；材料昂贵	采用昂贵的铂催化剂；聚合物膜和辅助组件昂贵；经常需要水管理；非常差的 CO 和 S 容许度	能量转化率低；性能衰减快；成本较高	工作温度过高
适用领域	太空飞船、潜艇等国防领域	发电、家用能源、移动式电源、运输工具的电源	分散型发电，取代大规模火力发电	交通运输、小型发电机组、移动式电源、分散型发电	便捷式电子产品	大型集中供电，在中型和小型家用热电联供等民用领域作为固定电站，船舶动力电源、交通车辆动力电源等移动电源

3.3.1.2 燃料电池的研发历程

燃料电池的发展历程见图 3-3。英国的物理学家 William Robert Grove 在 1839 年的一个水解过程逆反应实验中，发现并报道了铂电极上氢和氧的反应会产生电流这一发电现象。Grove 将另外两条铂片分别放入密封的玻璃管中，分别通入电解产生的氧气和氢气，当这两个玻璃管浸入稀硫酸中时，两个电极间有电流产生；同时，在装有氧气的瓶内有水生成，将多组这样的装置串联起来，就构成了他所称的"气体电池"装置。德国化学家 Christian Friedrich Schoenbein 发现了燃料电池效应，即在铂电极上氢和氧的反应会产生电流。1889年，"燃料电池"概念才正式被英国化学家 Ludwig Mond 和 Carl Langer 明确提出。他们把石棉网状多孔性支持物浸入稀硫酸中，以铂黑为催化剂，铂或金作为载流体，开发出了电流密度为 $3～3.6mA/cm^2$、电压为 0.73V 的燃料电池。1959 年，英国剑桥大学的 F. T. Bacon 发明了双孔烧结 Ni 气体扩散电极，并向世界展示了第一台真正能工作的燃料电池，即单个 5kW 的燃料电池堆，这个电池被称为"培根电池"，属于碱性燃料电池（AFC）。其改进后被用于"阿波罗登月计划"的宇宙飞船用电池。"培根电池"使燃料电池由试验走向实用，具有里程碑意义。

20 世纪 70 年代中期，AFC 逐步被 PAFC 的研究开发取代，随后 80 年代的 MCFC 和 90 年代的 SOFC 得到了快速发展；90 年代至今，PEMFC 成为开发和研究的重点。2000 年，美国向悉尼奥运会提供了液氢燃料电池。2003 年，德国研制的世界第一艘燃料电池潜艇下

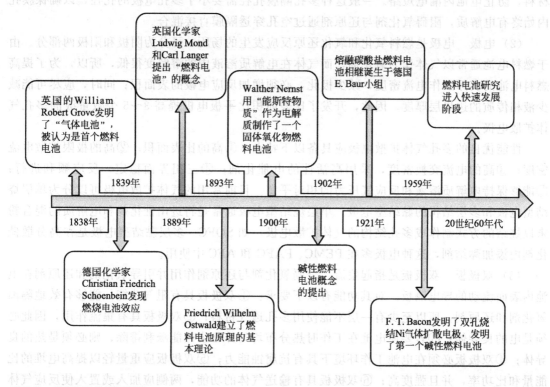

图 3-3　燃料电池的发展历程

水且首次试航获得成功，同年日本开发出手机、笔记本电脑等使用的燃料电池移动电源。2006 年，美国构建了纳米级燃料电池模型。随着技术的进步与发展，燃料电池手机、燃料电池笔记本电脑、燃料电池汽车将逐渐走进人们的生活。

我国早在 20 世纪 50 年代就开始了燃料电池的理论研究，90 年代受到国际能源紧张和环境恶化趋势的影响，燃料电池的开发与研究成为热门，不断涌现喜人的成果。目前国内的研究机构主要有中科院大连化物所、哈尔滨工业大学、中国科学院长春应化所、清华大学等。我国在 2008 年北京奥运会使用了具有自主知识产权的燃料电池汽车。

3.3.2　燃料电池的原理

3.3.2.1　燃料电池的组成

燃料电池的基本组件包括电解质、电极、双极板等。

（1）电解质　电解质的功能是分隔氧化剂与还原剂并同时传导电子。燃料电池的电解质通常需要满足以下条件：①具有较高的离子电导率，有利于减少欧姆极化；②稳定，在电池工作时不发生氧化或还原反应，不降解；③阴离子不对电催化剂产生特殊吸附，防止覆盖电催化剂的活性中心，影响氧化还原动力；④对反应试剂有较高的溶解度；⑤对多孔气体扩散电极、电解质不能浸润，以免降低、阻滞反应气在电极憎水基孔的气相扩散传质过程。

电解质可分为液态电解质和固态电解质两种。液态电解质是将电解质溶液，如氢氧化钾、磷酸等通过毛细力吸附在电解质的绝缘多孔隔膜（石棉膜、碳化硅等）上进行工作。电解质载体需要承受电池工作下的电解质腐蚀，以保持结构的稳定；同时，其必须是电子绝缘材料，防止电池内漏电短路。一般这种多孔隔膜孔径需要小于多孔电极的孔径，以确保膜孔内始终有电解质，阻碍氧化剂与还原剂通过空孔穿透隔膜直接混合。

（2）电极　电极是燃料氧化和氧化还原反应发生的场所，可分为阴极和阳极两部分。由于燃料电池通常以气体作为氧化剂，而气体在电解质溶液中的溶解度很低，所以，为了提高燃料电池的实际工作电流密度，减少极化，必须增加反应电极的表面积；同时，应尽可能减少液相传质的边界层厚度。因此，开发了比表面积比平板电极提高3~5个数量级的多孔气体扩散电极。

性能优良的多孔气体扩散电极应具备以下特点：①高的比表面积；②高的极限扩散电流密度；③高的电流交换密度，采用高活性的电催化剂；④三相界面稳定，反应顺利进行；⑤能够保持电解质溶液和反应气压力的相对平衡。目前常用的气体扩散电极可以分为单层烧结型电极和多层结构的黏结型电极。单层烧结型电极通常是将进出催化剂和电解质的混合粉末以烧结的方式制作成多孔结构的气体扩散电极，如SOFC。多层黏结型电极是在高分散催化剂内添加黏结剂，这种电极多在PEMC、PAFC和AFC中使用。

（3）双极板　双极板是指起集流、分隔氧化剂与还原剂作用并引导氧化剂和还原剂在电池内表面流动的导电隔板。对其功能有以下要求：①双极板具有阻气功能，能够有效地隔离氧化剂和还原剂，所以至少有一层不能使用多孔透气材料；②双极板具有集流作用，因此必须是电的良导体；③若要使电池在工作时热分布均匀并且废热能顺利排除，则必须是热的良导体；④双极板必须在电池工作环境下具有抗腐蚀能力；⑤双极板应重量轻以提高电堆的比能量和比功率，并且强度高；⑥双极板具有输送气体的功能，两侧应加入或置入使反应气体均匀分布的通道，以确保反应气体均匀分布在整个电极中。目前双极板主要有无孔石墨板、复合炭板、表面改性的金属板等。

（4）电池组的总体设计　燃料电池需不断地向其输入燃料气体和氧化剂，并且排出等量的反应产物，如氢氧燃料电池中生成水和热。因此，燃料电池系统应包括五个分系统：①电池组，整个燃料电池的核心，承担了将化学能转化为热能的任务；②燃料与氧化剂供给的分系统；③电池组水、热管理分系统；④输出电能的调整分系统，包括直流电压的稳定、过载保护和直流变交流的逆变分系统；⑤自动控制系统。可对上述各分系统的关键控制参数进行检测、调整和控制，以确保电池系统稳定可靠运行。

3.3.2.2　燃料电池的原理

燃料电池是将化学能转化为电能的发电装置，其转化过程是一种不经过燃烧的电化学反应。燃料电池工作时，氢气或者其他燃料输入阳极，并在电极和电解质的界面上发生氢气或其他燃料氧化与氧气还原的电化学反应，产生电流，输出电能。

燃料电池由正负两个电极（负极为燃料电极，正极为氧化剂电极）以及电解质组成。一般电池的活性物质储存在电池内部，限制了电池容量；而燃料电池的正负极本身不包含活性物质，只是一种催化转换元件。燃料电池工作时，燃料和氧化剂由外部供给，原则上只要反应物不断地输入，反应产物不断排出，燃料电池就能连续地发电。

3.3.3　燃料电池的应用

3.3.3.1　燃料电池技术的应用

在能源紧缺和环境污染严重的严峻形势下，燃料电池因其能量转化效率高、环境友好、噪声低、可连续工作等优势，应用不断拓展，现主要应用于以下领域。

（1）发电及备用电源系统 目前美国、日本等国家已经建立了一些磷酸燃料电池厂、熔融碳酸盐燃料电池厂和质子交换膜燃料电池厂来代替传统电厂。其中，PAFC 已达到"电站"阶段，可为军事基地、医院、计算站提供不间断电源；MCFC 已成功应用于兆瓦级电厂，更多用于工业或民用的较大规模的发电装置；而 PEMFC 主要应用于利用燃料的 5～10kW 的小型电站，用于家庭电站、应急电源或不间断电源。

燃料电池技术是取代蓄电池和发电机作为通信行业后备电源的最有前景的技术之一。目前最普遍、最适用的后备电源是 PEMFC，其典型代表是美国移动通信基站后备电源。

燃料电池还可用于解决交通不便的高山、岛屿等偏远地区的供电问题，利用太阳能、风能制取氢气，并利用金属氢化物储氢器对氢气进行储存，需要时利用燃料电池发电，供给负载使用。这类系统由太阳能/风能装置、电解水装置、固态储氢装置、燃料电池 4 个模块组成，并配有远程控制装置，具有氢气自我补给的特点，可有效解决太阳能、风能的储存难题，为太阳能、风能产品开辟了新的市场领域和发展空间。

（2）家用能源 燃料电池系统还可用于民用发电，为生活小区、宾馆及偏远地区供电，主要是现场型电站和分散型电站。另外，燃料电池干净且安静，也可设在大楼的顶层或地下室，适合城市各生活小区的供电与供热。2012 年，日本开发出了名为"SOFC 系统"的新型家用燃料电池热电联产系统，该系统可从城市煤气、液化石油气中提取氢气进行发电；同时，将热能用于供热水及供暖，实现了 46.5％的发电效率，综合能源效率达到 90％。另外，美国、韩国也分别安装了大型固定式燃料电池装置，能为用户提供分布式电源和 MCFC 发电系统。燃料电池作为家用能源，已经得到了各国政府的重视，随着燃料电池技术的不断进步和成熟，高效清洁的燃料电池将走进普通百姓家庭。

（3）移动电源 直接甲醇燃料电池具有能量转化效率高、运行安全方便、发电时间持久、燃料危险性成分低、电池结构简单等特性，适合作为便捷式电子产品。2013 年 7 月，一家隶属于麻省理工学院的公司成功制造了采用丁烷燃料电池的 USB 移动电源系统。国内燃料电池移动电源的应用较少，但也已经起步，如中国科学院长春应化所与大连化物所、南京师范大学等突破了催化剂制备及性能、电极及膜电极集合体制备工艺、电池结构改进等技术关键，为直接甲醇燃料电池的应用和产业化奠定了基础。

（4）交通运输 燃料电池技术高于 40％的超高能量转化效率和接近零的尾气排放使得燃料电池在汽车领域中具有巨大的吸引力。目前世界各大汽车公司，如通用、现代、本田、宝马、丰田等都在积极开发以 PEMFC 为动力的电动汽车。2013 年，本田公司在洛杉矶汽车展览会上展示了"本田 FCEV 概念车"新型燃料电池车。本田与美国通用汽车公司合作开发出更小、更轻的燃料电池系统。我国已于 2012 年发布了《节能与新能源汽车产业发展规划（2012—2020）》。燃料电池将是未来最佳的车用能源这一观点已逐渐被认同，但由于电池寿命、成本、氢基础配套设施等问题还未完全解决，距离完全实现市场化还需要一段时间。

（5）国防用途 PEMFC 由于具有能量转化效率高、低温可快速启动、热辐射低、环境友好、噪声小、适应不同功率要求等优点，在军事设备上得到了很好的应用。目前，PEMFC 可应用在单兵作战动力电源、移动电站、军车动力驱动电源等陆地军事设备，海面舰艇辅助动力源、潜艇的驱动电源等海军军事设备，以及无人驾驶飞机等空中军事设备上。由同济大学航天与力学学院、上海奥科赛飞机公司共同研制的我国第一架以氢气为原料的纯燃料电池无人机"飞跃一号",已经在上海首次试飞成功。该无人机可升至2000m的高空,时速为30km/h,可连续飞行2h,非常适合用于环境监测、战场侦察等领域。

(6)农村能源　沼气燃料电池是新出现的一种清洁、高效、低噪声的电装置,与沼气发电机相比,沼气燃料电池不仅效率和能量利用率高,而且噪声小,氮氧化物和硫化物排出量少,是很有发展前途的沼气利用工艺。日本东芝公司从20世纪70年代就开始重点开发分散型燃料电池,成功地将200kW、11MW机型系列化。由于我国是农业大国,在一些距离电网较远的乡村地区发展沼气燃料电站,对促进生物质良性循环、维护生态平衡、建立大农业系统工程将发挥重大作用。

3.3.3.2　燃料电池发展面临的问题及趋势

(1)燃料电池性能提高的关键在于材料研发　燃料电池的关键材料主要包括质子交换膜、催化剂、双极板、绝缘端板等。在质子交换膜的研究上,已经成功进行不同材料如多孔材料、碳纳米管和TiO_2纳米管等与全氟磺酸树脂的复合,在降低成本的同时也有效地提高了膜的性能。最近美国特拉华大学报道了一种自愈合隔膜材料,这种材料可以自行修复电池隔膜上出现的裂纹和小孔,这一发现大大延长交换膜的寿命。膜电极是燃料电池系统的核心功能部件,其未来研发方向主要包括增强膜电极三相反应界面以及提高稳定性、均一性和持久性。

催化剂是保证燃料电池电化学反应活性的关键,已成为燃料电池领域的热门研发方向之一。催化剂研究内容涵盖多元合金催化剂、核壳催化剂、非贵金属催化剂、阴极催化反应机理等。目前研究重点在于研发代替或部分代替贵金属铂的新型催化剂,并通过优化制备方法,进行多种材料的复合及利用形貌控制等方式以提高催化剂活性与稳定性。近些年,随着新型三维有序化电极结构的深入研究,使电极上铂催化剂用量降低了三个数量级,大幅降低整个燃料电池的成本。

目前燃料电池主要采用石墨双极板,其技术虽然已经相当成熟,但机械强度差和加工成本高使其在工业上难以得到大规模应用。金属双极板具有导电性好、机械强度高、易于批量生产、能大幅度提高燃料电池的体积功率密度等优点,是最具竞争力的极板材料之一。

(2)燃料电池的高价格是限制其真正商业化的巨大障碍　降低电池成本和延长电池寿命是燃料电池技术的发展趋势,研究重点包括降低电极、质子交换膜和双极板等三个关键组件的成本。开发既便宜又具高性能的燃料电池堆是燃料电池可持续商业化的保证。燃料电池从研发制备到推广都需要庞大的资金。以丰田公司推出的Mirai氢燃料电池车为例,在日本的售价为723.6万日元,享受国家补贴后,消费者实际承担的费用在520万日元左右。这样的价格与同等价位的燃油车相比,仍然不具备明显的竞争优势。燃料电池的发展潜力很大,但燃料电池想要更好、更快地走向市场,走向民用化,仍然需要政府的大力扶持。

(3)燃料电池的发展与其配套的基础设施密不可分　燃料电池车的加氢站缺乏成为燃料电池商业化的"拦路虎"。随着人们对加氢站的重视以及相关技术的成熟,加氢站的建设工作已经有所开展。截至2017年1月,全球正在运营的加氢站达到274座。从各国政府的远景规划来看,未来加氢站数量会大量增加,比如德国计划将加氢站由目前的300多座增加到2025年的1000多座,日本则计划将目前的100多座增加到800多座。随着基础设施的日渐完善以及加氢站的增多,未来燃料电池的发展前景将更加广阔。

3.4 铅酸电池

3.4.1 铅酸电池概述

3.4.1.1 铅酸电池的组成

铅酸电池是利用铅的不同价态固相反应实现充放电的，电池放电时两个电极的活性物质分别变成 $PbSO_4$，充电时反应向逆反应方向进行，电解质硫酸是一种活性物质。一般来说，铅酸电池主要由极板、隔板、电解质、蓄电池槽盖（壳体）和其他零部件组成。

（1）极板　由活性物质和支撑用的导体板栅组成的电极，分为正极板和负极板，板栅一般由铅锑合金和铅钙合金组成。正极板活性物质为 PbO_2，颜色为棕色、棕褐色和红棕色；负极板活性物质为海绵状金属铅，颜色为灰色、浅灰色和深灰色。在蓄电池充、放电过程中，电能和化学能的相互转换，就是依靠极板上活性物质和电解质溶液中硫酸的化学反应来实现的。

（2）隔板　隔板置于蓄电池正负极板之间，由允许离子穿过的电绝缘材料构成。隔板材料应具有多孔性和渗透性，且化学性能要稳定，即具有良好的耐酸性和抗氧化性，通常采用聚乙烯隔板、橡胶、塑料、复合玻璃纤维隔板、吸液式超细玻璃棉隔板等。

（3）电解质　由含有移动离子导电作用的液相或固相物质组成。电解质在电能和化学能的转换过程，即充电和放电的电化学反应中起离子间的导电作用并参与化学反应。铅酸电池电解质的密度与它所用的场所有关，相对而言，用于电动车电池的电解质密度要高一些。

（4）蓄电池槽盖（壳体）　用于容纳蓄电池群组电解质溶液和极板组，一般由耐酸、耐热、耐振动、绝缘性好并且有一定力学性能的硬橡胶或塑料制成。壳体为整体式结构，壳体内部由间壁分隔成 3 个或 6 个互不相通的单格，底部有突起的肋条以放置极板组。肋条之间的空间用来积存脱落下来的活性物质，以防止在极板间造成短路。极板装入壳体后，上部用与壳体相同材料制成的电池盖密封。在电池盖上对应于每个单格的顶部都有一个加液孔，用于添加电解质溶液和蒸馏水，也可用于检查电解质溶液液面高度和测量电解质溶液相对密度。

（5）其他零部件　主要包括电池盖、螺纹液孔塞、安全阀、顶盖、正负极头等。

铅蓄电池的优点是放电时电动势较稳定，工作电压平稳，使用温度及使用电流范围宽，能充放电数百次循环，储存性能好、造价较低，因而得到广泛应用。其缺点是比能量小，十分笨重，对环境腐蚀性强，循环使用寿命短，自放电大，不易过放电等。

3.4.1.2 铅酸电池的研发历程

铅酸电池是由普兰特在 1860 年发明的。实用化的普兰特电池是在两个铅箔中间加入布条，将其浸入硫酸溶液中制成。其他研究者在普兰特法预处理的铅板上涂覆 PbO_2，从而生成活性物质。研究者还寻找其他方法来保持活性物质，发展了平板式电极和管式电极。平板式电极是在浇铸或切拉的板栅表面涂覆铅膏，利用黏结作用形成具有一定强度和保持力的活性物质；管式电极极板中心的导电筋条被活性物质所包裹，极板外表面则包裹绝缘透酸套管。1882 年，Tudor 等在卢森堡建立第一家铅酸电池厂。1938 年，A. Dassler 提出了气体复合原理，为密封铅酸电池奠定了理论基础。

1957年，德国阳光公司发明了阀控式密封铅酸电池的胶体电解质技术。1971年，美国盖茨公司发明了阀控式密封铅酸电池的吸液式超细玻璃棉隔板技术。阀控式密封铅酸电池利用了超细玻璃棉隔板和气体再化合原理，充电过程产生的氧气可以在电池内部再化合为水，且采用密封结构，解决了电池漏酸、腐蚀和维护问题，电池性能大为提高。

表3-7列出了铅酸电池发展历程中具有里程碑性质的重要事件。

⊡ 表3-7 铅酸电池发展历程中具有里程碑性质的重要事件

年份	研究者	重要事件
1860年	普兰特(Planté)	第一只实用化的铅酸电池，使用铅箔来形成活性物质
1881年	Faure	用氧化铅-硫酸铅和制的铅膏涂在铅箔上制作正极板
	Sellon	铅锑合金板栅
	Volckmar	冲孔铅板对氧化铅提供支持
1882年	Brush	利用机械法将铅氧化物制作在铅板上
	Gladstone, Tribs	铅酸电池中的双硫酸盐化理论 $PbO_2 + Pb + 2H_2SO_4 \underset{充电}{\overset{放电}{\rightleftharpoons}} 2PbSO_4 + 2H_2O$
1883年	Tudor	在用普兰特方法处理的板栅上涂制铅膏
	Woodward	早期管式电池
1886年	Lucas	在氯酸盐和高氯酸盐溶液中制造形成式极板
1890年	Phillipart	早期管式电池——单圈状
1910年	Smith	狭缝橡胶管，EXIDE管状电池
1920年起		材料和设备研究
1935年	Haring, Thomas	铅钙合金板栅
1956~1960年	Hamer, Harned Bode, Vose	双硫酸盐化理论的实验证据
	Ruetschi, Cahan Burbank Feitknecht	两种二氧化铅晶体（α和β）性质的阐述
20世纪70年代	McClellan, Davit	卷绕密封铅酸电池商业化；切拉板栅技术；塑料/金属复合材料板栅；密封免维护铅酸电池；玻璃纤维和改良型隔板
20世纪80年代		密封阀控电池；准双极性发动机启动电池
20世纪90年代		电动车电池，双极性电池
2004~2009年		发明了铅碳电池、用于微混电动车的长寿型富液式电池；改善荷电状态高倍率放电性能的阀控式密封铅酸电池；应用于微混合电动车的、具有启-停功能的电池和双极性电池

目前铅酸电池的研发方向主要是为了适应不断增长的混合电动车的需求。车辆在启动及上坡时需要电源提供短时的大电流，铅酸电池若在半充电状态下进行高倍率充放电，电池的负极会发生不可逆的硫酸盐化，寿命将会严重缩短。大电流放电是铅酸电池应用于电动车辆的一大障碍。在活性物质中可添加高比表面积碳材料（如活性炭、碳纤维、碳纳米管、石墨烯等）和其他添加剂，以形成负极活性物质的多孔结构，提高分散性，抑制硫酸铅结晶生长和失活；同时，提供双电层电容，改善蓄电池的充电性能和荷电态性能。以碳材料为板栅、集流体的铅碳电池及双极性电池正在成为研究热点，并推动铅酸电池的进步。日本Furukawa电池公司与澳大利亚CSIRO公司联合开发的超级电池，Axion Power International公司开发的PbC™电容器电池已实现产业化并见诸报道，其结构见图3-4。

3.4.2 铅酸电池的原理

铅酸电池是利用铅的不同价态固相反应实现充放电的，电池放电时两个电极的活性物质

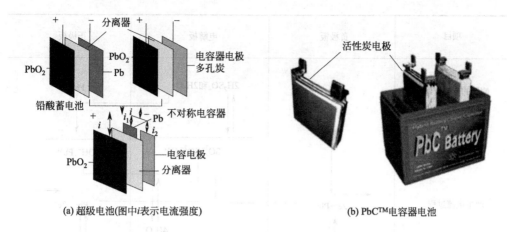

(a) 超级电池(图中 *i* 表示电流强度)　　　　　(b) PbC™电容器电池

图 3-4　新型铅碳电池结构示意图

分别变成 $PbSO_4$，充电时反应向逆反应方向进行。正负极电极反应适用于溶解-沉淀机理（图 3-5）。铅酸电池在室温、常压下的标准槽电压为 2.1V。反应方程式如下：

负极　　$Pb \underset{充电}{\overset{放电}{\rightleftharpoons}} Pb^{2+} + 2e^-$

　　　　$Pb^{2+} + SO_4^{2-} \underset{充电}{\overset{放电}{\rightleftharpoons}} PbSO_4$

正极　　$PbO_2 + 4H^+ + 2e^- \underset{充电}{\overset{放电}{\rightleftharpoons}} Pb^{2+} + 2H_2O$

　　　　$Pb^{2+} + SO_4^{2-} \underset{充电}{\overset{放电}{\rightleftharpoons}} PbSO_4$

总反应　$Pb + PbO_2 + 2H_2SO_4 \underset{充电}{\overset{放电}{\rightleftharpoons}} 2PbSO_4 + 2H_2O$

接近充满电状态时，$PbSO_4$ 的主体转化成 Pb 或者 PbO_2，充电状态下电压高于析气电压（每单体约 2.39V）并开始发生过充电反应，造成氢气和氧气的产生，从而造成水的损失。这对电池的危害很大，要尽量避免。生成氢气和氧气的反应方程式如下。

负极　　$2H^+ + 2e^- \longrightarrow H_2$

正极　　$H_2O - 2e^- \longrightarrow \frac{1}{2}O_2 + 2H^+$

总反应　$H_2O \longrightarrow H_2 + \frac{1}{2}O_2$

3.4.3　铅酸电池的应用

铅酸电池技术成熟，同时具有材料价格低廉、良好的再循环能力和可靠的充放电性能等特点。与目前已实用化的其他电化学体系如镍氢电池、锂离子电池、锂聚合物电池等相比，铅酸电池在市场竞争中具有一定优势（图 3-6）。

经过 150 余年的发展，铅酸电池在理论研究、产品种类和电气性能等方面都有了长足进步，不论是在交通、通信、电力、军事领域，还是在其他领域，都起到了不可缺少的重要作用。一般来说，铅酸电池的主要应用领域如下。

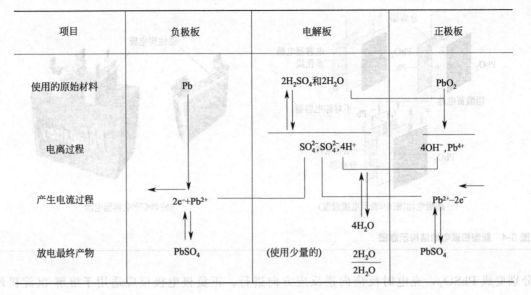

(a) 放电反应

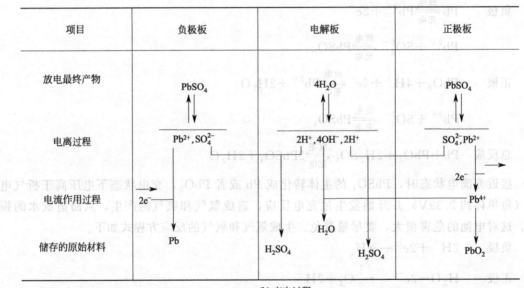

(b) 充电过程

图 3-5　铅酸蓄电池的充放电反应

（1）启动照明电池　主要用途是汽车、摩托车发动机的启动、照明和点火，同时也为车载电子设备的使用提供电能。类似用途在飞机、轮船、场地车辆和农用设备车等领域也很普遍。

（2）动力电池　取代汽油和柴油，作为电动汽车或电动自行车的行驶动力电源。其应用于非上路型电动车辆如高尔夫车、叉车等，已有几十年历史。例如，通用汽车的 EV1 是一款专门设计的电动汽车，具有符合空气动力学结构的水滴外形，由 26 只 12V 阀控密封铅酸电池组成的电池组来驱动一台三相异步电动机，一次行驶里程为 88～150km。虽然其符合

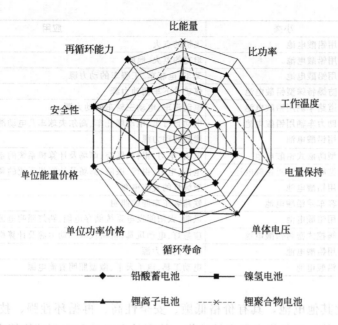

图中各项指标（顺时针）：
比能量　比功率　工作温度　电量保持　单体电压　循环寿命　单位功率价格　单位能量价格　安全性　再循环能力

图例：
——◆—— 铅酸蓄电池　——■—— 镍氢电池
——▲—— 锂离子电池　--×-- 锂聚合物电池

图 3-6　四类蓄电池性能比较

零排放等环保理念，但这种短里程、高价格的电动汽车并未得到大多数消费者的认同。

（3）工业电力及通信系统　可用于输变电站，为动力机组提供合闸电流，为公共设施提供备用电源。作为固定电源和后备电源，铅酸电池在通信及不间断电源领域具有不可取代的优势。随着世界各国的通信网络建设以及通信技术的更新换代，对铅酸电池的需求和使用还将继续增长。

（4）新能源用储能铅酸电池　新能源如风能和太阳能发电时，先向铅酸电池充电，通过逆变器将铅酸电池的直流电变换为交流电，然后对外供电。二次电池用于供电系统时，可以替代昂贵的燃气或燃油涡轮发电机，在用电高峰时进行负载平衡，铅酸电池被认为是在短期内能满足这种应用的首选电池。

铅酸电池的最大用途是用在电动助力车上（约 42%），主要用于电动自行车、高尔夫球车、电动滑板车等动力源；其次是车辆启动用（约 29%）；固定用电池约占 21%，主要用于电信、电力、银行、医院、商场及计算机系统的不间断备用电源，太阳能/风能储能用等；电动道路车用约占 5%，主要用于电动汽车、电动三轮车的动力源；牵引电池约占 2%，主要用于各型电动叉车、搬运车、井下隧道用电机车及移动设备的动力源；其他小型阀控密封电池约占 1%，主要用于应急灯、电动玩具、精密仪器的动力电源及计算机的备用电源。铅酸电池更为详细的分类及应用见表 3-8。

⊡ **表 3-8　铅酸电池的分类和应用**

大类	小类	应用
启动用铅酸电池	启动用铅酸电池	汽车、拖拉机、农用车点火、照明
	舰船用铅酸电池	舰、船发动机的点火
	内燃机车用排气式铅酸电池	内燃机的点火及辅助用电设备
	内燃机车用阀控式密封铅酸电池	内燃机的点火及辅助用电设备
	摩托车用铅酸电池	摩托车的点火、照明

大类	小类	应用
启动用铅酸电池	飞机用铅酸电池	飞机的点火
	坦克用铅酸电池	坦克的点火、照明
	牵引用铅酸电池	叉车、电瓶车、工程车的动力源
	煤矿防爆特殊型铅酸电池	煤矿井下车辆动力源
	电动道路车辆用铅酸电池	电动汽车、电动三轮车的动力源
	电动助力车辆用铅酸电池	电动自行车、电动摩托车、高尔夫球车及电动滑板车等的动力源
	潜艇用铅酸电池	潜艇的动力源
固定用铅酸电池	固定型防酸式铅酸电池	电信、电力、银行、医院、商场及计算机系统的备用电源
	固定型阀控式密封铅酸电池	电信、电力、银行、医院、商场及计算机系统的备用电源
	航标用铅酸电池	航标灯的直流电源
	铁路客车用铅酸电池	铁路客车车厢的照明
	储能用铅酸电池	风能、太阳能发电系统储存电能;路灯照明电源
其他用途铅酸电池	小型阀控式密封铅酸电池	应急灯、电动玩具、精密仪器的动力源及计算机的备用电源
	矿灯用铅酸电池	矿灯的动力源
	微型铅酸电池	电动工具、电子天平、微型照明直流电源

铅酸电池相比其他电池，具有价格低廉、安全性高、再循环性强、技术成熟稳定等优点，在近期的市场份额中仍将占据主导地位，特别是在启动和大型储能等应用领域，在较长时间内尚难以被其他新型电池替代。由于其成本优势，从中期角度考虑也将有一席之地，从长期角度考虑，铅酸电池在不需要更高质量比能量的应用领域，仍将继续存在并占据较为重要的地位。

随着二次电池新技术的不断涌现、新应用领域的不断开拓，以及锂离子电池成本的降低、能量性能的提高等，使得铅酸电池面临很大的挑战。铅酸电池的未来发展仍然是如何增加其能量密度、功率密度及延长循环寿命，研究方向应该侧重于电极组成/结构、集流体、电解质、电池构造等，还可以使用碳材料取代铅网格和铅电极活性层以增加反应面积、铅利用率和充电速率。此外，减小电极重量仍是有效的方法。另外，还要加强铅行业的规范管理，建立完备的废铅酸电池回收体系，开发全生命周期的循环利用技术，以达到再生铅产业及铅酸电池产业上、下游的协调联动。

本章小结

本章在介绍电池能概念、分类和电池能发展趋势的基础上，对三种常见电池（锂离子电池、燃料电池和铅酸电池）的特点、研发过程、组成、原理和应用方面进行了较为系统的阐述。

电池产业持续回暖趋势明显，储能市场有望成为拉动锂电池消费的增长点，燃料电池有望在新能源汽车和后备电源中取得新进展。铅酸电池价格低廉、安全性高、技术成熟的特点，决定了其在不需要高质量比能量的领域内占据重要的位置。电极、隔膜相关材料的研发是制约电池行业发展的关键。

第4章

氢能

4.1 氢能概述

4.1.1 氢能及其特点

(1) 氢能　氢是地球上储量最丰富的元素，据推算如果把海水中的氢全部提取出来，它所产生的总热量比全球所有化石燃料放出的热量还大 9000 倍。氢气常温下为气态，超低温、高压下为液态，是密度最小的气体。在标准状况下，每升氢气只有 0.0899g，常温下氢气比较不活泼，但可用催化剂活化。高温下氢非常活泼，除稀有气体元素外，几乎所有的元素都能与氢生成化合物。氢分子（H_2）与氧分子（O_2）反应生成水（H_2O）时所释放出的能量，被称为氢能。由于 O_2 在地球大气中大量存在，一般不被看为反应物，所以，一般单独强调 H_2，称为氢能。

(2) 氢能的优点　氢能是一种理想的清洁能源，具有一系列优点。①储量极其丰富，氢在地球上主要以化合态的形式出现，是宇宙中分布最广泛的物质，它构成了宇宙质量的75％。②氢燃烧性能好，点燃快，与空气混合时有广泛的可燃范围，而且燃点高，燃烧速度快。③发热量高，它的发热量仅次于核能，是化石燃料、化工燃料和生物燃料中最高的，是汽油发热值的 3 倍。④环保性好，氢的燃烧产物是水和少量的氮化氢，而不会生成一氧化碳、二氧化碳、烃类、铅化物、粉尘颗粒等对环境有害的污染物质。几种燃料的燃烧值及CO_2 的排放量见表 4-1。⑤利用方式多样，既可以通过燃烧产生热能，在热力发动机中产生机械功，又可以作为能源材料用于燃料电池。用氢代替煤和石油，不需对现有的技术装备做重大的改造，将现在的内燃机稍加改装即可使用。⑥氢可以以气态、液态或固态的氢化物形式出现，能适应储运及各种应用环境的不同要求。⑦在所有气体中，氢气导热性最好，比大多数气体的热导率高出 10 倍，因此在能源工业中氢是极好的传热载体。氢本身没有毒性及放射性，不会对人体产生伤害，也不会产生温室效应。

⊡ **表 4-1　几种燃料的燃烧值和 CO_2 排放量**

燃料	煤	柴油	汽油	甲醇	天然气	氢气
代表性分子式	C	$C_{16}H_{34}$	C_8H_{18}	CH_3OH	CH_4	H_2
发热量/(kJ/g)	33.9	44.4	44.4	20.1	49.8	120.2
CO_2 排放量/(g/kJ)	0.108	0.070	0.069	0.069	0.057	0

（3）氢的安全性　　氢气的安全性是首先应该关心的问题。氢的各种内在特性决定了氢能系统具有不同于常规能源系统的危险特征，氢的不利于安全的属性有：着火范围宽、更低的着火能、易泄漏、火焰传播速度高、更容易爆炸；氢的有利于安全性的属性有：扩散系数和浮力大，单位体积或单位能量的爆炸能低。

① 泄漏性。在层流条件下，氢气的泄漏率是天然气的 1.26 倍；在湍流条件下，氢气的泄漏率为天然气的 2.83 倍。从高压气罐中大量泄漏时，氢气和天然气都能达到声速，但是氢气声速（1308m/s）几乎是天然气声速（449m/s）的 3 倍。

② 氢脆。锰钢、镍钢及其他高强度钢容易发生氢脆。氢脆会导致氢的泄漏和燃料管道的失效。预防氢脆有两种途径：一是氢气中含有的极性杂质，如水蒸气、H_2S、CO_2、醇、酮及其类似化合物，会阻止金属氢化物生成；二是通过选择合适的材料，如铝和一些合成材料，就可以避免因氢脆产生的安全风险。

③ 氢的扩散性。如发生泄漏，氢气会迅速扩散。与汽油、天然气和丙醇相比，氢气具有更大的浮力和更大的扩散性。在发生泄漏的情况下，氢气在空气中可以向各个方向快速扩散，迅速降低浓度。

④ 可燃性。氢/空气混合物燃烧的范围是 4%～75%（体积比），着火能仅为 0.02MJ。氢气的着火下限是汽油的 4 倍，是丙烷的 1.9 倍，只是略低于天然气。点燃氢/空气混合物所需的能量与点燃天然气/空气混合物所需的能量基本相同。氢气的着火上限很高，危险性很大。

⑤ 氢的爆炸性。氢气的燃烧速度是天然气的 7 倍。在相同条件下，氢气比其他燃料更容易爆燃甚至爆炸。氢气的燃烧空气比的爆炸下限是天然气的 2 倍，是汽油的 12 倍。氢气必须在没有点火的情况下累积到至少 13% 的浓度，然后再接触火源发生爆炸。如果发生爆炸，氢的单位能量的最低爆炸能是最低的，就单位体积而言，氢气的爆炸能仅为汽油的 1/22。因此，氢气的爆炸特性可以描述为：氢气是最不容易形成可爆炸的气雾的燃料，但一旦达到爆炸的下限，氢气是最容易发生爆燃和爆炸的燃料。

4.1.2　氢能的研发历程

在 20 世纪上半叶，人们已经将氢气用于充气飞艇。1948～1953 年期间，加拿大多伦多大学的 R. O. King 进行了以氢气作为普通内燃机燃料的研究工作。1950 年，美国在军用飞机中开展了使用液氢作为飞行燃料的工作。1960 年，氢/氧燃料电池在阿波罗登月航天上得到应用，为氢作为载能体又开辟了一个新领域。1970 年前后，许多科学家已认识到采用氢能源将是解决能源危机和化学燃料所造成的环境污染的最佳途径。因此，氢能源的研究与开发受到了人们的广泛关注。特别是储氢材料 Mg_2Ni、$LaNi_5$、$TiFe$ 的发现及镍/金属氢化物电池的研制为 1974 年国际氢能学会的建立鉴定了基础。

2001 年 11 月，美国召开了国家氢能发展展望研讨会，勾画了氢经济蓝图。2002 年，美国能源部建立了氢、燃料电池和基础设施技术规划办公室，提出了《向氢经济过渡的 2030 年远景展望报告》。2003 年 1 月，美国总统布什宣布启动总额超过 12 亿美元的氢燃料计划。该项目涉及氢气的制造、运输、储存、氢燃料电池、技术认证、教育、标准法规、安全、系统集成与分析等领域，并且针对这些领域分别提出了研究的具体目标。其目的在于降低制氢、储氢和运输成本，降低车载质子交换膜燃料电池的成本，完善制氢系统的技术认证，完善氢燃料电池车的技术标准等。

日本关于氢能方面的研究起步比较早，目前燃料电池是日本氢能的主要发展研究方向。日本政府为推动氢燃料电池汽车的发展，启动、实施了一系列政府专项计划和补贴政策予以支持，如燃料电池示范项目等，日本的发展目标是 2025 年达到生产 200 万辆燃料电池汽车和建造 1000 个加氢站的水平。迄今为止，日本燃料电池的技术开发以及氢的制造、运输、储存技术已基本成熟。

欧盟在 2002 年便对氢能源的开发和利用进行了研究。在过去的十多年中，欧盟委员会和私营部门共同资助了 15 亿欧元，用于通过联合承诺方式共同发展欧洲氢能和燃料电池技术。在欧洲氢能体系下，公共资金和私营资本的比例约为 1∶3.5。通过这些努力，欧洲的电解槽、加氢站、氢能公交车、氢能列车等基本处于世界领先水平。

我国对氢能的研究与开发可以追溯到 20 世纪 60 年代初，中国科学家为发展本国的航天事业，对作为火箭燃料的液氢生产、H_2/O_2 燃料电池的研制与开发进行了大量而有效的工作。将氢作为能源载体和新的能源系统进行开发，则是从 20 世纪 70 年代开始的。我国政府在财政上大力支持氢能源的开发和利用研究，2010 年我国氢气年产量已逾千万吨规模，为世界第一大产氢国。目前我国金属储氢材料产销量已超过日本，成为世界上最大的储氢材料生产国，但是，在氢工业和氢能利用方面与其他国家相比，还有一定差距。

4.2 氢能的制备储运技术

4.2.1 氢能的制备

4.2.1.1 金属（金属氢化物）与水/酸的反应

在实验室里比较方便地制备氢气，可利用下列化学反应：

$$2Na+2H_2O \longrightarrow 2NaOH+H_2$$
$$Ca+2H_2O \longrightarrow Ca(OH)_2+H_2$$
$$Zn+2HCl \longrightarrow ZnCl_2+H_2$$
$$2LiH+2H_2O \longrightarrow 2LiOH+2H_2$$
$$CaH_2+2H_2O \longrightarrow Ca(OH)_2+2H_2$$
$$LiAlH_4+4H_2O \longrightarrow LiOH+Al(OH)_3+4H_2$$
$$NaBH_4+2H_2O \longrightarrow NaBO_2+4H_2$$

应该指出，上述方法一般只用于演示实验，而且在反应过程中，要使用极少量的活泼金属或金属氢化物颗粒，否则容易发生爆炸。

4.2.1.2 等离子体热裂解制氢

等离子体法制氢具有以下优势：制氢成本低，如果考虑炭黑的价值，等离子体法的成本比水电解制氢、生物制氢和天然气水蒸气重整制氢等方法低；原料利用率高，除原料中含有的杂质以外，几乎所有原料都转化为氢气和炭黑，且没有二氧化碳生成；原料的适应性强，除天然气外，几乎所有的烃类都可作为制氢原料，原料的改变只是影响产物中氢气和炭黑的比例；生产规模可以控制。

4.2.1.3 煤气化制氢

煤气化制氢是当前利用化石燃料制氢过程中很有发展前景的技术。煤气化制氢一般包括煤的气化、煤气净化、CO变换、H_2提纯等主要生产环节。煤的主要成分为固体炭，以氧化铁为催化剂，它可先与水蒸气反应转化为CO和H_2，产生的CO再和水蒸气发生水煤气反应产生CO_2和H_2；二氧化碳溶于水，通过加压水洗即得到较纯净的氢气。这种方法制氢产量大，成本相对较低，其简化的制氢过程可表示为：

$$C+H_2O \longrightarrow H_2+CO$$
$$CO+H_2O \longrightarrow H_2+CO_2$$

气化所需的热量可以通过煤与氧气燃烧产生的热来供给；也可以利用固体、液体或气体等载热体，通过直接或间接对煤床加热的方式来供给。

4.2.1.4 水电解制氢

利用水电解法制氢可以得到纯度高达99%以上的氢气，这是工业上制备氢气的一种重要方法。水电解制氢原理：在电解质水溶液中通入直流电时，分别在阴极和阳极放出氢气和氧气；分解出来的物质和原来的电解质完全没有关系，被分解的是作为溶剂的水，原来的电介质仍然留在水中。只要向电解池输入一个足以超过水的生成自由能的电压，即1.23V，电解就可进行。

目前水电解制氢一般都采用碱性水溶液作为电解质，其能量效率为60%～80%。在电解氢氧化钠溶液时，阳极上放出氧气，阴极上放出氢气；电解氯化钠水溶液制造氢氧化钠时，也可以得到氢气。水电解制氢具有制氢纯度高和操作简便的特点，目前国际上利用水电解制氢的产量约占氢气总产量的4%。水电解制氢的缺点是电耗大、不经济。

4.2.1.5 热化学制氢

热化学制氢是基于热化学循环，使水在800～1000℃下进行催化热分解，制取氢气和氧气。热化学过程制氢有多种方式，其中碘-硫热化学循环流程被认为是较有希望的流程。该流程第1步是在高温（800～1000℃）、低压下将H_2SO_4分解为H_2O、SO_2和O_2，并将O_2分离出去；第2步是碘-硫流程，即在较低温度下I_2与SO_2、H_2O（蒸汽）反应生成HI和H_2SO_4（放热反应），在中等温度（200～500℃）下，HI分解为H_2和I_2。碘-硫热化学循环制氢流程如图4-1所示。日本原子能研究所准备用该所的高温工程试验堆验证碘-硫热化学循环制氢过程，美国橡树岭国家实验室和法国原子能委员会也正在开发碘-硫热化学循环制氢流程。

另一种较有发展前景的热化学制氢方法为基于溴-钙-铁循环的热化学流程。该过程所需温度略低（700～750℃），包括如下4步热化学反应循环：第1步为$CaBr_2$与水在700～750℃下高温裂解生成CaO和HBr（吸热）；第2步为在500～600℃下通过CaO与Br_2反应再生$CaBr_2$，并放出O_2；第3步为在200～300℃下用Fe_3O_4再生Br_2，并生成$FeBr_2$（放热）；第4步为在550～600℃下，由水蒸气反应再生Fe_3O_4（吸热）和HBr，并放出H_2。日本的研究机构对这一过程做过较多研究。

热化学制氢首先要求反应堆须提供750～1000℃的高温；其次，必须防止核系统与制氢系统在热交换过程中的交叉污染。Forsberg和Peddicord提出了较适宜于热化学制氢的3种堆型，即高温气冷堆、先进高温堆和铅冷快中子堆。Marshall对各种堆型进行了评估，认为高温气冷堆的冷却剂温度在900℃左右时已能成功运行，不存在任何明显的设计、安全、运行与经济方面的问题，最适于为热化学制氢过程提供热量。

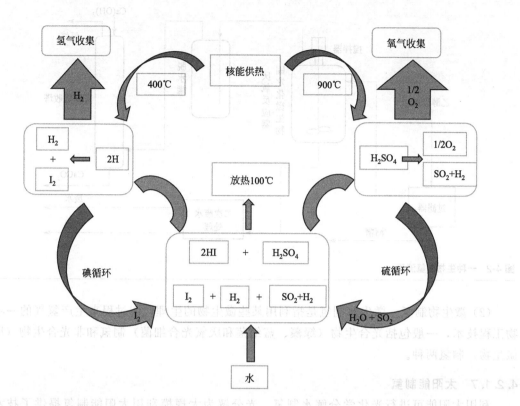

图 4-1 碘-硫热化学循环制氢流程

此外，美国公布的第 4 代核能系统路线图充分考虑了核能制氢问题，在推荐的 6 种核能体系中，除超高温气冷堆以产氢为主外，气冷快堆、铅冷快堆和熔盐堆均兼顾发电和制氢。

4.2.1.6 生物制氢

生物制氢可以生物活性酶为催化剂，利用含氢有机物和水将生物能和太阳能转化为高能量密度的氢气。与传统制氢工业相比，生物制氢技术的优越性体现在：原料来源极为广泛且成本低廉，包括一切植物、微生物材料，工业有机物和水；在生物酶的作用下，反应条件为温和的常温常压，操作费用十分低廉；产氢所转化的能量来自生物质能和太阳能，完全脱离了常规的化石燃料；反应产物为二氧化碳、氢气和氧气，二氧化碳经过处理仍是有用的化工产品，可实现零排放、无污染。一种生物制氢流程见图 4-2。生物制氢主要分为生物质制氢和微生物制氢。

（1）生物质制氢　生物质制氢是指用某种化学或物理方式把生物质转化成氢气的过程。生物质制氢可降低生产成本，改善自然界的物质循环，很好地保护生态环境。生物质为液态燃料和化工原料提供了有充足选择余地的可再生资源，只要生物质的使用速度跟得上它的再生速度，这种资源的应用就不会增加空气中 CO_2 的含量。就纤维素类生物质而言，我国农村可供利用的农作物秸秆达 5 亿～6 亿吨，相当于 2 亿多吨标准煤；林产加工废料约为 3000 万吨，此外还有 1000 万吨左右的甘蔗渣。在这些生物质资源中，有 16%～38% 是作为垃圾处理的，其余部分的利用也多处于低级水平，如造成环境污染的随意焚烧、热效率仅约为 10% 的直接燃烧等。生物质制氢技术将是解决上述问题的很好途径。

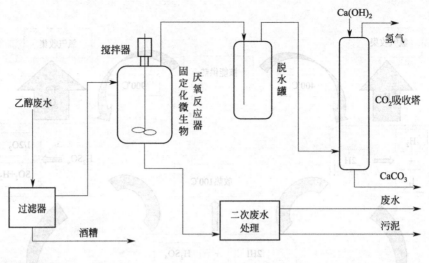

图 4-2　一种生物制氢流程

（2）微生物制氢　微生物制氢是指利用某些微生物的生理代谢过程来生产氢气的一项生物工程技术，一般包括光合生物（绿藻、蓝细菌和厌氧光合细菌）制氢和非光合生物（厌氧微生物）制氢两种。

4.2.1.7　太阳能制氢

利用太阳能可进行光化学分解水制氢。光分解为大规模利用太阳能制氢提供了技术基础，其关键是寻找光解效率高、性能稳定和价格低廉的光敏催化剂。为实现上述反应，需要利用特殊的化学电池，即使电池的电极在太阳光的照射下能够维持一定的电流，并将水分解而获得氢气。在水中加入催化剂，在阳光照射下，催化剂便能激发光化学反应，把水分解成氢气和氧气。目前已经找到光分解制氢的一些催化剂，如钙和联吡啶形成的配合物。另外，二氧化钛和某些含钙的化合物也是较适用的光水解催化剂。二氧化钛光催化分解水制氢过程见图 4-3。如果更有效的催化剂可以问世的话，人们只要在汽车、飞机等的油箱中装满水，

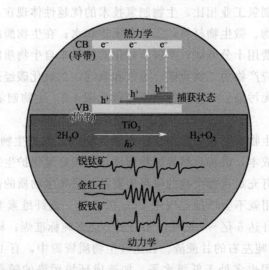

图 4-3　二氧化钛光催化分解水制氢过程

再加入光水解催化剂，在阳光照射下，水便能不断地分解出氢，成为发动机的能源。

4.2.1.8 液体燃料醇类制氢

液体原料醇类具有储运方便、能量密度大和安全可靠等特点，醇类制氢主要是指从甲醇和乙醇等低级醇中获取氢。醇类重整制氢具有原料来源广、转化温度低、能耗低等诸多优点，应用前景广阔。甲醇重整制氢是最早开始研究并应用于工业的一项技术，技术成熟，可实现大容量产氢，是目前工业用氢的重要来源之一。高催化性能的催化剂能够提高甲醇转化率和 H_2 产率并降低 CO 的选择性，但高温烧结、炭沉积会导致催化剂的失活。因此，在传统催化剂的基础上，可通过金属掺杂、使用不同载体等方法制备高选择性、高稳定性的催化剂。

4.2.1.9 其他方法制氢

在化工生产过程中，如电解食盐制碱工业、发酵制酒工业、合成氨化肥工业、石油炼制工业等，均有大量副产氢气。如果能采取适当的措施并对上述副产物进行氢气的分离回收，每年还可获得数亿立方米的氢气。另外，有研究表明从硫化氢中也可制得氢气。总之，制氢方法的多样性，使得氢能源的研究、开发获得了新的活力。

4.2.2 氢气的储存

4.2.2.1 氢气储存技术

氢气储存是决定氢气能否用于运输燃料领域的关键因素。目前储氢技术分为两大类，即物理储氢和化学储氢。对于规模化的实用储氢技术，要具备吸放氢条件温和、储氢容量大和成本低三个基本特征。

(1) 物理储氢　物理储氢是指单纯地通过改变储氢条件提高氢气密度，以实现储氢的技术。该技术为纯物理过程，无需储氢介质，成本较低，且易放氢，氢气浓度较高。主要分为高压气态储氢与低温液化储氢两大类。

①高压气态储氢。高压气态储氢是指在高压下将氢气压缩，以高密度气态形式储存，具有成本较低、能耗低、易脱氢、工作条件较宽等特点，是发展最成熟、最常用的储氢技术，通过调节减压阀就可以直接释放出氢气。其设计制造技术成熟、灌装速度快，但是单位质量储氢密度较小，一般只用于大型无缝钢制储罐储存，只需耐压或绝热的容器就行，储氢效率较低。高压气态氢储存装置有固定储氢罐、长管气瓶及长管管束、钢瓶和钢瓶组、车载储氢气瓶等。储氢容量与压力成正比。高压钢瓶是常用的储氢容器，其储存压力一般为 12～15MPa。目前储存压力在 20MPa 以下的压缩技术已经比较成熟，但储氢效率还是比较低。近年来开发了一种由纤维复合材料组成的新型耐压储氢容器，其储氢压力可达到 80MPa。这种耐压容器是由碳纤维、玻璃、陶瓷及金属组成的薄壁容器，储氢质量容量可达 5%～10%。高压压缩储氢应用广泛、简便易行，而且压缩储氢成本低，充放气速度快，常温下就可进行。压缩储氢的缺点是能量密度低，当增大气体的压力时，需要消耗较多的压缩功，而且存在氢气易泄漏和容器发生爆裂等不安全因素。

②低温液化储氢。液化储氢是一种深冷的氢储存技术。氢气经过压缩之后，在 0.1MPa 下深冷到 -253℃ 或更低温度变为液氢，其比容（比体积）约为气态氢的 1/800，密度大幅提高，是气态氢密度的 845 倍。对同等体积的储氢容器，其储氢量大幅度提高。液化储氢特

别适用于储存空间有限的场合，如航天飞机、火箭发动机、汽车发动机等。若仅从质量和体积上考虑，液化储氢是一种极为理想的储氢方式。但是，由于氢气液化要消耗很大的冷却能量，液化 1kg 氢需耗电 $4 \sim 10 kW \cdot h$，增加了储氢和用氢的成本。另外，液氢储存容器必须使用超低温下用的特殊容器，由于液氢储存的装料和绝热不完善，容易导致较高的蒸发损失，因而其储存成本较高，安全技术也比较复杂。高度绝热的储氢容器是目前液化储氢研究的重点。

(2) 化学储氢　化学储氢是利用储氢介质在一定条件下能与氢气反应生成稳定化合物，再通过改变条件实现放氢的技术，主要包括有机液体储氢、液氨储氢、配位氢化物储氢、无机物储氢等。

① 有机液体储氢。有机液体储氢是借助某些烷烃或芳香烃等有机液体作为储氢剂和氢气发生可逆反应来实现加氢和脱氢。有机液体储氢技术具有较高储氢密度，通过加氢、脱氢过程可实现有机液体的循环利用，成本相对较低。同时，常用材料（如环己烷、甲基环己烷等）在常温、常压下即可实现储氢，安全性较高。然而，有机液体储氢须配备相应的加氢、脱氢装置，成本较高；脱氢反应效率较低，且易发生副反应，氢气纯度不高；脱氢反应常在高温下进行，催化剂易结焦失活等。

② 液氨储氢。液氨储氢是指使氢气与氮气反应生成液氨，作为氢能的载体加以利用。2015 年，作为氢能载体的液氨首次被作为直接燃料用于燃料电池中，发现液氨燃烧涡轮发电系统的效率（69%）与液氢系统效率（70%）近似。液氨在常压、400℃条件下即可得到 H_2。液氨储存的优点在于，液氨燃烧产物为氢气和水，对环境无害且液氨的储存条件较为温和。因此，液氨储氢技术被视为最具前景的储氢技术之一。

③ 配位氢化物储氢。配位氢化物储氢利用碱金属与氢气反应生成离子型氢化物，在一定条件下，分解出氢气。最初的配位氢化物是由日本研发的氢化硼钠（$NaBH_4$）和氢化硼钾（KBH_4）等。但其存在脱氢过程温度较高等问题，因此，人们研发了以氢化铝配合物（$NaAlH_4$）为代表的新一代配合物储氢材料，其储氢质量密度可达到 7.4%；同时，添加少量的 Ti^{4+} 或 Fe^{3+} 可将脱氢温度降低 100℃左右。这类储氢材料的代表为 $LiAlH_4$、$KAlH_4$、$Mg(AlH_4)_2$ 等。

④ 无机物储氢。无机物储氢材料基于碳酸氢盐与甲酸盐之间相互转化，实现储氢、放氢反应。反应一般以 Pd 或 PdO 作为催化剂，以吸湿性强的活性炭作为载体。该方法便于大量储存和运输氢气，安全性好。

(3) 其他储氢技术　包括吸附储氢与水合物法储氢。前者是利用吸附剂（金属合金、碳材料、金属框架物等）与氢气作用，实现高密度储氢；后者是利用氢气低温、高压条件下生成固体水合物，提高单位体积氢气密度。该方法脱氢速度快、能耗低；同时，其储存介质仅为水，具有成本低、安全性高等特点。

4.2.2.2　储氢材料

(1) 金属氢化物储氢　金属氢化物储氢就是利用储氢合金与氢气反应生成可逆金属氢化物来储存氢气。在元素周期表中，除惰性气体以外，几乎所有元素都能与氢反应生成氢化物。金属氢化物储氢的机理为：在一定的压力和温度下，氢分子被吸附在金属表面后，离解成氢原子嵌入金属的晶格中形成含氢固溶体，随后固溶体继续与氢反应，生成金属氢化物。生成金属氢化物是一个放热的可逆过程，加热后氢化物释放出氢气。金属与氢可形成三种类型的金属氢化物。

① 离子型或类盐型氢化物。碱金属和碱土金属（Be 和 Mg 除外）的电负性较低，可将电子转移给氢而形成类盐型氢化物，其氢化物具有离子键。离子型氢化物的通式为 MH 或 MH_2，其中含有 H^-。

② 金属型氢化物。在氢与ⅢB～ⅤB族过渡金属化合形成的氢化物中，氢的特性介于 H^- 和 H^+ 之间，形成氢原子进入母体金属晶格内的间隙型化合物。氢与ⅥB-ⅧB族过渡金属反应，一般以 H^+ 形成固溶体，氢原子也进入机体金属晶格中形成间隙型化合物。

③ 共价型和分子型化合物。氢与ⅢA～ⅦA族元素反应，生成分子型或共价型化合物，其中与ⅦA族元素形成的氢化物为非金属氢化物。一种理想的储氢金属氢化物应具有如下特性：储氢量大，氢化物的离解热和生成热小，吸氢和放氢时的平衡压力和温度变化平缓，化学稳定性好，成本低，使用寿命长，使用安全性好。

(2) 新型碳材料储氢　近年来碳材料如活性炭、纳米碳纤维、富勒烯等被用于储氢材料，其可逆氢吸附过程与物理吸附的方式相同。从当前研究文献报道的结果来看，普遍看好超高比表面积活性炭的低温、适度压力（< 6MPa）储氢和新型碳纳米吸附材料的常温、较高压力（<15MPa）储氢两种储氢方式。

① 活性炭储氢。活性炭（或超级活性炭）储氢是利用超高比表面积的活性炭作为吸附剂，在中低温度（-196～0℃）、中高压（1～10MPa）下的吸附储氢技术。活性炭吸附储氢性能与储氢的温度和压力密切相关。一般来说，温度越低，压力越高，储氢量越大。例如，在-120℃、5.5MPa 下，储氢量高达 9.5%；在小于 6MPa 氢压和-196～-123℃的低温下，活性炭吸附量随温度的降低而急剧增加。与其他储氢技术相比，超级活性炭吸附储氢具有经济、储氢流量高、解吸快、循环使用寿命长、易实现规模化生产等优点，是具有潜力和竞争力的碳材料吸附储氢技术。

② 活性碳纤维储氢。活性碳纤维储氢是在中低温（77～273K）、中高压（1～10MPa）下利用超高比表面积的活性炭作为吸附剂的吸附储氢技术。活性碳纤维作为一种理想的高效吸附材料，是在碳纤维技术和活性碳技术相结合的基础上发展起来的一种具有丰富、发达孔隙结构的功能型碳纤维。与活性炭相比，活性碳纤维具有优异的结构特性，不但比表面积大，微孔结构丰富，孔径分布窄，而且微孔直接开口于纤维表面，因而比活性炭具有更加优良的吸附性能和吸附力学行为。此外，它还具有比铝轻、比钢强、比人的头发细等特征。作为一种具有独特结构的性能优良的吸附剂，其储氢性能值得深入研究。

③ 纳米碳纤维储氢。纳米碳纤维是近年来为吸附储氢而开发的一种新材料。它由乙烯、氢气以及一氧化碳的混合物在特定的金属或金属催化剂表面经高温分解而得到，包括很多非常小的石墨薄片，薄片的宽度约为 3～50nm。这些薄片有规律地堆积在一起，片间距离一般为 0.34nm。通过选择不同的催化剂，可以形成管状、平板状、鱼骨状等不同结构的纳米碳纤维。纳米碳纤维表面具有分子级细孔，内部具有内径大约为 10nm 的中空管，比表面积大，而且可以合成石墨层面呈垂直于纤维轴向或与轴向呈一定角度的、鱼骨状特殊结构的纳米碳纤维。大量氢气可在纳米碳纤维中凝聚，从而可能具有超级储氢能力。

④ 富勒烯储氢。富勒烯是指除金刚石、石墨之外的碳的第三种同素异形体，它不同于无限个原子组成的金刚石和石墨。富勒烯不是原子束，而是确定数目的碳原子组成的聚合体，富勒烯中以 C_{60} 最为稳定，其簇状结构酷似足球。根据 C_{60} 分子的球形中空结构可以判

断它具有芳香性，能够进行一般的稠环芳烃所进行的反应，如能够发生烷基化反应、进行还原反应生成氢化物等。

⑤ 纳米管储氢。纳米管储氢的方式有两种。一种是吸附储氢，当流体吸附在与其分子大小相近的微孔内时密度将增大，微孔内储存的氢气密度甚至比液态或固态氢气的密度还高。另一种是电化学储氢，将碳纳米管做成一个工作电极，并与一个辅助电极构成一个回路，组成两电极体系，如果加上参比电极则组成三电极体系。充电时，在碳纳米管电极上电解质溶液中的水离解成吸附的氢原子和氢氧根离子，吸附的氢原子可能插入碳纳米管或是在其表面重新结合形成氢分子并扩散，进入碳纳米管，或是在电极表面形成气泡；放电时，碳纳米管释放的氢与电解质溶液中的氢氧根离子结合形成水分子，重新进入溶液中。通过测量电荷的变化，即可得到碳纳米管中吸脱附氢的数量。单壁碳纳米管和多壁碳纳米管的透射电子显微镜（TEM）照片分别见图 4-4 和图 4-5。

⑥ 炭凝胶储氢。炭凝胶是一种类似于塑料的物质。这种材料具有孔超细、表面积大和密度小的特点，并且具有一个固态的基体。通常是由间苯二酚和甲醛溶液经过缩聚作用后在 1050℃ 的高温和惰性气体中进行超临界分离和热解而得到的。这种材料具有纳米晶体结构，微孔尺寸小于 2nm。试验表明，在 8.3MPa 的高压下，其储氢量可达 3.7%。

⑦ 玻璃微球储氢。用于储氢的空心玻璃微球的外径一般在毫米或亚毫米量级，壁厚在几微米到几十微米，球壳的主要成分为 SiO_2，同时含有 K、Na、B 等元素。在低温或室温下，空心玻璃球具有非渗透性，但在较高温度下，则具有多孔性。在 200～400℃ 及高压（10～200MPa）下，氢气进入空心玻璃球内，等压冷却后，氢便有效地储存在空心玻璃球内。使用时，将微球压碎后放氢或者加热玻璃微球将氢气释放出来。前者释放氢简单方便，但增加了微球制备的成本；后者微球可以反复使用，但放氢需要一个升温装置。玻璃微球储氢因具有储氢量大、能耗低、安全性好等优点，成为具有发展前途的储氢技术。

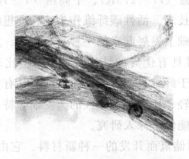

图 4-4　单壁碳纳米管束的 TEM 照片　　　　　**图 4-5　多壁碳纳米管束的 TEM 照片**

（3）金属有机框架物　金属有机框架物（MOFs）又称为金属有机配位聚合物，其是由金属离子与有机配体形成的、具有超分子微孔网络结构的类沸石材料。由于 MOFs 中的金属与氢之间的吸附力强于碳与氢，还可通过改性有机成分加强金属与氢分子的相互作用，因此，MOFs 的储氢量较大。同时，其还具有产率高、结构可调、功能多变等特点。但这类材料的储氢密度受操作条件影响较大，Thomas 整理后发现，在热力学温度为 77K 条件下，MOFs 储氢的氢气质量密度随压力的增加而增加，其范围为 1%～7.5%。但在常温、高压条件下，氢气质量密度仅约为 1.4%。因此，目前的研究热点在于如何提高常温、中高压条件下的氢气质量密度，主要方法包括金属掺杂和功能化骨架。

4.2.3 氢气的输送

4.2.3.1 压缩氢气的输送

（1）压缩氢气牵引车　如果是在实验室等小规模场合，一般可采用氢气瓶来输送压缩氢气，而加氢站的场合则需要大规模的输送方法，为此开发出了装载大型高压容器的牵引车。对牵引车输送来说重要的是一次可输送量。目前，日本常用的最大氢气牵引车是装载铬锰钢制高压容器的、规格为 19.6MPa、氢气装载量为 2740m³ 的类型，主要用于工业气体的运输以及离站制氢加氢站的实验中。

（2）加氢站的氢气接收　高压气体输送中，需要注意把装载于牵引车上的氢气转移到加氢站时的一些问题。输送氢气时，需要压缩机在短时间内把牵引车高压气罐内的氢气转移到加氢站中。若想在短时间内完成这项工作，需要压力非常大的压缩机。目前一般采用牵引车长时间滞留于加氢站缓慢放出氢气的方法。因此，采用高压气体输送方式的离站制氢型加氢站需要合理安排站内停车场和车辆行走路线，避免进站加氢的车辆堵塞高压氢气（液氢）专用运输车辆的车道。

4.2.3.2 液态氢的输送

作为陆上输送手段开发出的液氢罐车，其容量一般最大为 23kL，质量为 1.6t，热量为 230GJ，具有几乎与汽油油罐车相匹敌的重量。对于采用大型罐进行科学管理运营的加氢站来说，其重量等能够控制在可以忽略的程度。

此外，由于液态氢制造时的液化效率低，还存在作为输送体系整体能量效率低的问题，期待相关制造技术能取得更多进展。另外，当将液态氢从液氢罐车转移到加氢储氢罐里时，不能忽略把配管冷却到液态氢温度时的蒸发损失。此外，防止水蒸气、氮气、氧气等可能积聚于液氢罐内的物质混入，也是很重要的。

4.2.3.3 利用储氢介质输送

利用储氢介质输送是指利用储氢技术将氢吸收于载体上进行输送的方法，目前氢吸储合金、无机系储氢材料、有机氢化物等储氢材料已经得到应用。有机氢化物可以作为载体对氢气进行输送。

4.2.3.4 利用管道输送

管道输送无论是在成本上，还是在能量消耗上都是非常有利的。在大型化工企业内，氢气的管道输送已被广泛采用。不过，具体应用到人们的日常生活中还存在许多问题。例如，由于管道运营仅限于工业区域内，其设置地点也应有相应标准。此外，最大的问题是建设成本必须应满足经济性要求。

人们正在研发管道输送新技术。例如，如何利用现有的城市煤气管道输送天然气与氢气的混合物。国外已经开始尝试建设加氢站，如在欧洲的 Zero Regio 项目中，已计划建设 100MPa 的管网及与其相连的 70MPa 加氢工作站。

4.3 氢能利用技术

4.3.1 氢能的利用

(1) 作为燃料 氢气作为燃料主要应用于航空航天领域。早在第二次世界大战期间，氢燃料即用于火箭发动机的液体推进剂。航天飞机以氢作为发动机的推进剂，以纯氧作为氧化剂，液氢就装在外部推进剂桶内，构成类似燃料电池的结构。目前科学家们正在研究一种"固态氢"宇宙飞船，"固态氢"既可作为飞船的结构材料，又可作为飞船的动力燃料。

(2) 家用氢能源 随着制氢技术的不断进步，氢能在不远的将来有可能步入人们的日常生活中。将氢气通过氢气管道送到千家万户，每一个用户可以使用金属氢化物储罐将氢气储存起来，以一条氢气管道就可以代替煤气管线、暖气管线，甚至是电力管线，还可以在车库里将氢气管道与汽车充氢设备连接起来。

(3) 氢氧燃料电池 氢氧燃料电池是目前氢能利用最理想的方式之一。氢氧燃料电池的工作原理见图 4-6。其能量转化率高达 80%，而且工作时不产生明火，具有结构简单、运作稳定、噪声低等优点。氢氧燃料电池的应用十分广泛，可以用于大型发电站，还可以作为便携式移动电源、应急电源、家庭电源等。当前最具有发展前景的还是氢氧燃料电池汽车。氢氧燃料电池所产生的电能可以直接被用在推动车轮上从而省略了机械传动装置；在汽油能量从油箱传输到车轮的过程中，由于燃烧、散热、机械磨损等原因，最后传输到车轮的推进能量不到总能量的 20%，而氢氧燃料电池汽车的用能效率却可达到 60% 以上。目前，现代氢氧燃料电池汽车的续航能力已较为可观，充满电后大约可行驶 400km。我国在燃料电池技术研发与应用方面初步形成了从燃料电池技术开发到示范应用的全产业链形态，在基础设施和示范应用方面取得了重要进展。

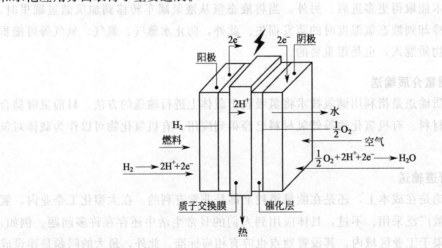

图 4-6 氢氧燃料电池的工作原理

(4) 氢气发电 发电厂把发出的电送到电网，再通过电网输送给千家万户。但是，由于各个用户的负荷不完全相同，电网有的时候是高峰，有的时候却出现低谷。为了能够调节峰荷，电网之中往往需要启动快且调节比较灵活的发电站，氢能源发电就能够满足这一需要。

氢能源发电不需要复杂的蒸汽锅炉系统，启动的速度也比较快，想要开启的时候能够立即开启，想要停止的时候可以立即停止；在电网低负荷的时候，还可以将多余的电吸收并进行电解水，所产生的氢气和氧气在用电高峰的时候可以用来发电。

(5) 氢内燃机　氢内燃机能够直接燃烧氢，可不使用其他燃料或产生水蒸气排出。氢内燃机不需要任何昂贵的特殊环境或者催化剂就能完全做功。现在很多氢内燃机都是混合动力形式，就是既可以使用液氢作为燃料，也可以使用汽油等作为燃料。氢内燃机就成为一种很好的过渡产品。例如，在一次补充燃料后不能到达目的地，但在找到加氢站的情况下就可使用氢作为燃料；或者先使用液氢，然后找到普通加油站加汽油。氢内燃机由于其点火能量小，易实现稀薄燃烧，故可在更宽的工况范围内得到较好的燃油经济性。目前实际应用较多的氢燃料发动机，是将氢与气化的汽油或柴油混合后再点燃使用，氢在混合燃料中占30%～85%。

(6) 电子化学工业　氢气在电子化学工业中常用作还原剂。多晶硅的制备需要用到氢气。当硅用氯化氢生成三氯氢硅后，可经过分馏工艺分离出来，在高温下用氢气还原，达到半导体加工的要求。光导纤维的应用和开发是新技术革命的重要指标之一，石英玻璃纤维是光导纤维的主要类型，在制造过程中，需要采用氢氧焰加热，经数十次沉积，对氢气的纯度和洁净度都有很高的要求。氢气在工业中的主要用途见表4-2。

⊡ 表 4-2　氢气在工业中的主要用途

行业	用途
石油化工	加氢原料
煤化工	加氢原料
冶金	还原气体和保护气体
电子	冷却剂
	保护气体、载气或燃气
其他	航空燃料

4.3.2　我国氢能发展中的挑战

4.3.2.1　核心部件等未实现产业化

我国在氢能及燃料电池方面已取得很大突破，整个产业链都有布局，但在关键材料和核心部件方面仍停留在研发、验证阶段。催化剂、氢气循环泵、空压机等核心部件主要依赖进口，阻碍了我国氢能产业的发展。虽然我国各大实验室和研究机构都已研制出催化剂、双极板等部件，性能方面不输于国外商业化产品，但还未实现成果转化，停留在样品阶段，缺少大批量生产的能力。因此，要加快催化剂、氢气循环泵等产品线的建设和实现量产。

4.3.2.2　氢源及基础设施建设成本居高不下

我国运营加氢站数量较少，基础设施建设和氢气储运成本高，导致加氢站的加氢费用高，不利于氢能产业的大规模发展。要完善基础设施建设，首先要有明确的审批流程和相关的责任部门；其次加氢站用核心设备应实现国产化，从而降低加氢站的建设成本；最后通过加速技术革新、采用新型材料等降低氢气的储运成本，如液氢储运、管道运输等。我国氢能在储运技术、燃料电池终端应用技术方面与国际先进水平相比，仍有较大差距。

4.3.2.3　标准及测评体系待完善

氢能产业标准和技术规范还不健全，不能涵盖整个氢能产业的发展，体现在制氢、储运及加注等标准的缺乏。同时，氢燃料电池从部件到系统的标准尚不完善，测试评价体系尚不健全，导致氢燃料电池产品的商业化应用和推广受到较大制约。因此，急需对燃料电池相关的标准进行确定或修订，同时还需要继续完善整个产业链的测试评价体系，为加速技术研发及产品推广提供保障。

本章小结

　　本章在介绍氢能特性及研发应用历程的基础上，对氢气制备（等离子体制氢、煤气化制氢、水电解制氢、热化学制氢、生物制氢和核能制氢）、安全性、储存（气相、液相、储氢材料）和输送进行了归纳和总结，最后对氢能的利用和氢能发展中的挑战进行了分析。

　　氢能是一种理想的洁净能源，氢气制备和储氢材料的研制是氢能利用的关键技术所在。水电解制氢和生物制氢是氢气制备发展的主要方向，储氢材料是近年来氢能利用的重要研究方向。

第5章

核能

5.1 核能概述

5.1.1 核能的特点

5.1.1.1 核能的概念

核能就是原子能,即原子核结构发生变化时释放的能量。其能量符合阿尔伯特·爱因斯坦的质能方程 $E=mc^2$。其中,E 为能量,m 为质量,c 为光速。核能的释放通常有两种形式:一种是重核的裂变,即一个重原子核(如铀、钍),分裂成两个或多个中等原子量的原子核,引起链式反应,从而释放出巨大的能量;另一种是轻核的聚变,即两个轻原子核(如氢的同位素氘),聚合成为一个较重的核,从而释放出巨大的能量。目前的理论和实践都证明,轻核聚变比重核裂变释放出的能量要大得多。

利用重核裂变,若通过反应堆对其加以人工控制,就可实现原子能发电。利用轻核聚变原理,人们已经制造出比原子弹杀伤力更大的氢弹,氢弹是无控制的爆炸性核聚变。要实现核聚变能的和平利用,即核聚变发电,必须对核聚变实行人工控制,这就是受控核聚变。受控核聚变迄今尚未实现工业化应用。现在所说的核能,一般指的是核裂变能。

5.1.1.2 核能的特点

核能的应用可使人类实现对日益减少的化石燃料的补充和替代,据国际原子能机构预测,2030 年核动力至少占全部动力的 25%。核能在全世界,特别是我国发展潜力巨大。据预测到 2021 年年底,我国约 70%~80% 的石油要从国外进口,因此核能是解决我国石油短缺的重要途径。核能主要特点如下。

(1) 核资源丰富 世界上有比较丰富的核资源,核燃料有铀、钍、氘、锂、硼等。地球上铀的储量约为 400 多万吨,可供开发的核燃料资源能提供的能量是矿石燃料的十多万倍。现在的核能利用还只是使用占天然铀 0.7% 的铀-235,而占 99.3% 的铀-238 尚没有得到利用。铀-238 很容易吸收快中子而再生为新的核燃料钚-239。钚-239 吸收一个快中子平均可以产生 2.45 个快中子,假如扣除一个快中子与另外的钚-239 反应,剩下的 1.45 个快中子能与铀-238 反应生成新的钚-239，就可以实现钚-239 的增殖，即为快中子增殖反应堆。快中子增殖反应堆可以使铀矿资源的利用率提高到 60%～70%。按照上述利用水平估算，现存铀矿资源还可以使用 2000 多年。另外，海水中含有大量的氘（氢的同位素），可作为热核反应的燃料，如果受控的热核反应一旦实现，将使人类获得几乎用之不竭的能源。

（2）核能清洁　放射性物质是核电站向环境排放的主要有害物质，它受到严格的国家安全法规的控制。除此以外，核电站本身既不排放二氧化硫和氮氧化物，又不产生二氧化碳。对从采矿到生产燃料、使用燃料的整个燃料链进行比较，核能产生的有害气体也比化石燃料少得多。只要确保运行安全，核电站对环境的影响是极小的。因此，从这种意义上可以说，核能是清洁的能源。

（3）核能安全可靠　核能是最安全的能源之一。现有的核电站是利用铀-235 原子核裂变释放出巨大能量来发电的，这些能量是可控的。有人可能会担心核电站会像原子弹那样发生核爆炸，尽管原子弹的核装料和核电站燃料都含有铀-235，但它们的含量相差很大，前者高达 90%以上，后者仅为 3%左右。与核弹的高浓缩原料、非受控目的截然不同，核电站设有四道安全屏障来避免和防止放射性物质泄漏（图 5-1）：第一道屏障是抗辐射的固体芯块，可以包容绝大部分裂变产物；第二道屏障是密封的燃料包壳，核燃料芯块和放射性的裂变产物都被密封在锆合金包壳内；第三道屏障是坚固的压力容器，整个堆芯密封在几十厘米厚的钢制压力容器内，可以挡住泄漏的放射性物质；第四道屏障是安全壳，其高达 60～70m，采用壁厚约为 1m 的钢筋混凝土，内表面还有 6mm 的钢衬里。只要有一道屏障是完整的，放射性物质就不会泄漏到周边环境。正因为在设备和安全措施上能提供多层次的重叠保护，确保了核电站的安全可靠。

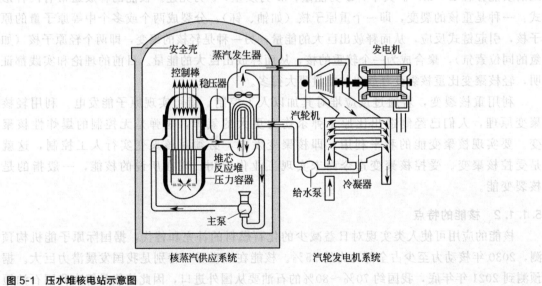

图 5-1　压水堆核电站示意图

（4）核能的经济优势　核燃料的能量密度比化石燃料高几百万倍，核能电厂所使用的燃料体积小，运输与储存都很方便。在我国持续推进清洁能源的形势下，核能经济优势也较为明显。核电站的基本建设投资一般是同等火电站基本建设投资的 1.5～2 倍，不过它的核燃料费用却要比煤便宜得多，运行维修费用也比火电站少。对于缺乏煤、石油、天然气和水力资源的地区，发展核电具有不可替代的优势。

从上述特点来看，核能在可持续发展、缓解全球环境恶化和提高社会、经济效益方面都具有很强的竞争力。尤其是对于缺乏化石燃料资源的国家而言，发展核电具有重要的现实意义。但是，核能也存在一些不可避免的缺点，主要如下：核电站会产生放射性废料，虽然所占体积不大，但需要慎重处理；核电站热效率较低，比一般化石燃料电厂排放更多的废热；核电站投资很大，财务风险较高；对于核电站的选址、布局，尤其需要慎重。

5.1.2 核能的发展历程

核能是人类历史上的一项伟大发现，离不开早期科学家的探索发现，他们为核能的发现和应用奠定了基础。从 1896 年贝可勒尔发现了铀盐的放射性后，随后人们陆续发现放射性元素钋和镭、建立原子核模型、提出同位素概念、发现人工放射性与裂变等，为核技术的突破奠定了理论基础。从 20 世纪 40～50 年代开始，反应堆、加速器和各种新型辐射探测器的研制成功使核技术得到了迅速发展。

1942 年，世界上第一座核裂变反应堆在美国的芝加哥大学建成，人类在这里首次实现了自持链式反应，从而开始了受控的核能释放。1954 年，苏联建成了世界上第一座核电站，输出功率为 5000kW。到 20 世纪 60 年代中期，核电站开始走向实用化和商品化，工业发达国家的核电发电成本逐渐与燃煤火力发电站持平甚至略低。在军事领域，利用重核裂变，人们制造出了原子弹。利用轻核聚变原理，人们制造出了比原子弹杀伤力更大的氢弹。

在民用领域，核技术的应用范围不断拓展，如辐照材料改性、辐射技术装备、同位素示踪用于化学分析以及 X 射线用于医学诊断、镭应用于癌症治疗、核辐射诱变育种等，广泛应用于工业、农业、医学等领域，形成一定的产业规模，取得了显著的经济和社会效益。

5.1.3 核能的应用前景

自 1954 年人类利用核能发电以来，核电站的发展已走过半个多世纪，核电技术已日趋成熟。核电在各种能源中已经具备很强的经济竞争力。核能作为一种安全、经济、清洁的能源，能够大规模替代煤炭、石油、天然气资源，是发展低碳经济的必然选择。

我国的能源状况决定了发展核能的必要性。我国从 1993 年起已经成为石油纯进口国，而且进口数量迅速增加。目前我国已成为全球第一大原油进口国，存在严重的能源安全问题。随着先进反应堆型的开发，核电技术的不断完善，核安全程度的提高，加上全球经济的发展，以及为解决温室气体排放、酸雨等环境问题，我国核工业在未来将继续发展。

进入 21 世纪，我国核工业取得了长足进步。2015 年 5 月，我国自主三代核电技术（华龙一号）全球首堆示范工程在福建福清开工建设。该项目核心技术具有自主知识产权，是目前可出口的自主三代核电机型。我国目前还基本掌握实验快堆技术，奠定了大型快堆电站开发和研究的基础。作为当今世界上仅有的 4 座实验快堆之一，中国实验快堆的功能和应用范围正在扩展，将发挥出越来越大的作用。

未来的核技术将会更加广泛、深入地应用于工业、农业、医疗等领域；同时，随着核技术与其他技术、产业及经济社会各领域的深度交叉与融合发展，核技术应用前景将更加广阔。

5.2 核能的开发利用

5.2.1 核反应堆

（1）核反应堆的构成　核反应堆，又称为原子能反应堆，是能维持可控自持链式核裂变反应，以实现核能利用的装置，是核能和平利用的最主要设施。反应堆是由核燃料元件、慢化剂、反射层、控制棒、冷却剂、屏蔽层等部分构成。快中子反应堆不需要慢化剂，热中子反应堆必须使用慢化剂。

① 核燃料元件。核燃料元件一般由核燃料芯片和包壳组成。铀-233、铀-235 和钚-239 都可以作为反应堆的核燃料。大多数反应堆都采用低富集铀作为核燃料。目前一般是将固体核燃料制成燃料元件，按照一定的栅格排列，插在慢化剂中，组成非均匀堆芯。

② 慢化剂。核裂变产生的中子是能量很高的快中子，而热中子堆主要是利用热中子引起核裂变反应。因此，需要采用慢化剂将中子迅速慢化成热中子。慢化剂既能很快地使中子的速度减慢下来，又不吸收太多的中子，还具有很好的热稳定性和辐照稳定性以及良好的传热性能。慢化剂主要有水、重水、石墨、铍、氧化铍等。

③ 反射层。为减少裂变中产生的损失，在堆芯外面围上一层材料构成反射层，把那些从堆芯中逸出来的中子反射回去。对热中子反应堆来说，凡是能够作为慢化剂的材料都可以用作反射层。快中子堆一般采用铀-238 或钢铁作为反射层。

④ 控制棒。控制棒的作用是保证反应堆的安全，开、停反应堆和调节反应堆的功率。控制棒内装有能够强烈吸收中子的元素，这些元素称为中子毒物。当反应堆处于未运行状态时，控制棒与燃烧元件放在一起，中子首先被控制棒中的中子毒物吸收掉而不会引起核燃料的链式裂变反应。开堆时，将控制棒提起，中子源产生的中子引起核燃料的链式裂变反应。控制棒位置不同，吸收中子的能力不同，由此可以调节反应堆的功率。

⑤ 冷却剂。核裂变释放的能量，会使燃料元件温度升高，必须及时地把热量带出堆芯。用来带出堆芯能量的物质称为冷却剂。热中子堆常用的冷却剂有气体（如二氧化碳、氦气等）或液体（如水、重水、有机溶液等），快中子反应堆常用熔融金属（如钠、钾钠合金等）作为冷却剂。

⑥ 屏蔽层。为防止周围的工作人员受到辐射危害，并防止邻近的结构材料受到辐射损伤，反应堆四周应设置屏蔽层。屏蔽层为厚的钢筋比例很高的重混凝土，也可选用铁、铅、水、石墨等制作。

（2）核反应堆的用途

① 产生动力。利用反应堆产生的核能作为动力，代替燃烧化石燃料产生的能量去发电、供热和推动舰船等。

② 生产新的核燃料。通过核反应堆生产新的核裂变材料，如由铀-238 生产钚-239，由钍-232 生产铀-233，通过中子轰击锂-6 生产核聚变材料氚等。

③ 生产放射性同位素。通过反应堆生产同位素有两种方法：一是从乏燃料的裂变产物和次要锕系元素中分离有用的放射性同位素，如铯-233；二是通过将纯的废放射性元素放在反应堆的中子通道中以中子照射生产放射性同位素，如用钴-59 生产钴-60。

④ 进行中子活化分析。

⑤ 进行中子照相。

⑥ 进行中子嬗变掺杂生产高质量的单晶硅。

5.2.2 核能应用技术

核能应用技术（或核应用技术）是一种跨学科、跨领域、跨行业，具有高度综合性的交叉融合技术。其和平应用领域主要包括以下几个方面。

（1）动力 在动力方面的应用主要包括发电、供热和作为舰船等动力装置等。

① 发电。核电站产生动力的核心部分是反应堆。反应堆运行时通过链式裂变反应放出的热量由冷却剂（或载热剂）带出，进入蒸汽发生器，用来代替电厂中燃烧煤或天然气来加热水，使之变成蒸汽，推动汽轮机，带动发电机来发电。在核电站中，反应堆和蒸汽发生器所在的部分称为核岛，汽轮机和发电机所在的部分称为常规岛，一座反应堆及相应的设施和它带动的汽轮机、发电机称为一个机组。压水堆、沸水堆和重水堆是目前商业规模核电站的三大反应堆堆型。

a. 压水堆。压水堆是目前技术最成熟的堆型之一。压水堆核电站有三个回路：第一回路为反应堆冷却系统，由反应堆堆芯、主泵、稳压器和蒸汽发生器组成；第二回路由蒸汽发生器、水泵、汽轮机和蒸汽凝结器组成；第三回路是一个开式回路，用水泵将江河或海洋中的冷水泵出，将第二回路推动汽轮发电机发电后的乏蒸汽冷凝成水重复使用，第三回路的大量冷却水经热交换后再进入江河或海洋。压水堆核电站第一回路的压力约为 15.5MPa，冷却剂出口温度为 330℃左右，进口温度为 300℃左右。第二回路蒸汽压力为 6~7MPa，蒸汽温度为 275~290℃。压水堆的发电效率为 33%~35%。

b. 沸水堆。沸水堆在压力容器内冷却剂水处于沸腾的工况下运行，在适当高的压力下，沸腾情况稳定，使反应堆能够处于热工稳定的状态下。沸水堆燃料裂变产生的热量使堆芯中的冷却剂水汽化产生蒸汽［大约有 14%（质量分数）的水变成蒸汽］，这些蒸汽直接进入汽轮机，推动汽轮机带动发电机发电。不需要蒸汽发生器，也没有第一回路和第二回路之分，系统非常简单。这是沸水堆与压水堆的主要区别，也是沸水堆的主要优点。沸水堆的工作压力为 70MPa，其功率低于压水堆。

c. 重水堆。重水堆以重水（D_2O）为慢化剂，由于重水对中子的慢化作用比普通水小，所以重水堆的堆芯体积和压力容器的容积要比轻水堆大得多。重水堆的堆芯体积比压水堆大十倍左右。重水堆可以使用任何一种核燃料，包括天然铀、各种富集的铀、钚-239 或铀-233，以及这些核燃料的组合。重水堆从结构上可分为压力容积式和压力管式两类：压力容积式只能用重水作冷却剂；压力管式可用重水作冷却剂，也可用轻水、气体或有机化合物作冷却剂。

② 供热。采用核能取代化石燃料进行供热，属于比发电应用更为广阔的新领域。不过由于供热的热网不能过长，供热反应堆必须建于城市人口密集地区附近，因而对供热堆的安全性要求更为严格。供热堆必须是更安全、更经济的先进反应堆，这是和供热站与核电站的主要不同之处。核供热堆可用于提供高温供热（如 750~900℃的高温热能，用作煤的气化和液化、稠油热采、炼钢、制氢等的热源）和低温供热（如建筑物采暖和温度在 200℃以下的工艺用热）两种。目前世界各国研发的反应堆大都为低温核供热堆。低温核供热堆作为

低温热源，具有良好的应用前景，其主要用途如下。

a. 城市集中供热。核供热是集中供热最理想的热源，市场十分广阔。

b. 城市制冷。用低温核供热堆冬季供暖，夏季制冷，可以大大提高反应堆的利用率。

c. 海水淡化。用低温堆产生的核能代替烧煤为多效蒸发系统提供热源，将海水变为淡水，解决淡水资源紧张的问题，这对于中国沿海城市是很有吸引力的。

d. 工艺供热。产生 0.8MPa 的低压蒸汽，输送给工业用户，可以提供 120℃以下的低温热源，用于化工、造纸、纺织、制药等行业。另外，核反应堆产生的能量还可以转化为机械能，用作核潜艇、核航空母舰等的动力。

（2）农业　核应用技术在农业方面的应用主要包括辐射育种、辐射保护食品、同位素示踪、放射自显影术等几个方面。

① 辐射育种。辐射育种是通过电离辐射作用扩大生物变异谱，获得天然变异难以产生的变异体，从而改变作物品种的方法。具有如下特点。

a. 变异率高。一般可达 1/30，比自然突变率高 100 倍以上。

b. 变异范围广。诱变产生的变异类型常超出一般类型，甚至会产生自然界中未曾出现过或罕见的新类型，为作物提早成熟、植株矮化、增强抗病性和提高蛋白质、糖分、淀粉的含量等创造了丰富的育种材料和基因资源。

c. 变异稳定快。由辐射处理产生的变异，一般经 3 代即可基本稳定，而有性杂交大多要经 4~6 代才能稳定。辐射处理的材料包括种子、花粉、子房、营养器官和整体植株。

② 辐射保护食品。通过辐照抑制食用产品器官的新陈代谢和生长发育，同时杀灭害虫和致病微生物，以改进食品品质，减少储运损失，延长储存期。其辐照源一般包括 ^{60}Co、^{137}Cs 的 γ 射线、X 射线等。辐照前处理是辐照食品的重要环节，采用的手段包括：严格控制食品收获、加工的条件，以降低害虫和微生物对食品的污染基数；通过适当加热，以钝化生物酶的活性；通过低温储存和绝氧控制食品代谢的速度，以防止氧化；添加抗氧剂、保水剂、辐射增效剂等。长期的生物试验结果证明，辐照食品是卫生和安全的，辐射不会使食品产生感生放射性；通过射线杀虫、灭菌，还能减轻甚至消除病原体及其产生的毒素，人食用辐射食品后无不良反应。

③ 同位素示踪。该方法在农业中的应用分为放射性同位素示踪和稳定性同位素示踪。放射性同位素示踪的主要应用如下。

a. 利用同一元素的同位素化学性质相同的示踪试验。如用放射性 ^{32}P 标记的过磷酸钙去追踪作物对磷肥吸收的研究就属此类。

b. 利用放射性示踪剂和被研究对象完全物理混合的试验。如在农药溶液中加入一定量可溶解于农药的短半衰期的放射性同位素，可用于测定飞机喷洒农药的分布范围。

c. 利用放射性作为标记的示踪试验。这类试验要求示踪剂在试验过程中牢固地与被追踪物结合在一起。如将放射性 ^{131}I 或 ^{60}Co 附加在昆虫身上后释放，再在不同的时间和地点捕捉昆虫并检测其放射性，便可得知其迁移的速度和分布范围。

相比放射性同位素，稳定性同位素通常具有下列优点。

a. 没有放射性，适用于生物有机体的研究。

b. 标记物的合成和处理较简单，同位素不会衰变，试验不受时间限制。

c. 农业科学研究中最常用的稳定性同位素如 ^{13}C、^{15}N、^{18}O 等都无毒性。

d. 用质谱技术测定"同位素比值"，要比放射性示踪测定方便。稳定性同位素示踪法已日益成为农学研究中不可缺少的手段。

④ 放射自显影术。放射自显影术常用于研究植物营养元素在土壤中的扩散和移动以及在土壤-根系界面上的积聚扩散方式，营养元素被植物吸收、运转和代谢的过程等。此外，由于放射自显影的直观显著特点，它还特别适于研究作物对农药的吸收以及农药在植物体内的运转、分布和残留，研究病菌、害虫和作物的关系以及植物的抗性机制。

（3）工业　核应用技术在工业方面的应用主要包括辐射加工、离子束加工、辐射治理"三废"和无损检测。

① 辐射加工。辐射加工是通过电离辐射的化学效应使物质改性或制备新型材料的加工，包括辐射交联、辐射聚合与辐射接枝、辐射分解与裂解等。其中，热收缩材料、辐照交联电线电缆在辐射加工中占有重要地位。

热收缩材料是利用高分子材料经过辐射交联后形态发生改变，但具有"记忆"原来形态的性能，通过加热可恢复原状而制造出来的功能材料。热收缩材料制品主要用辐射交联聚烯烃材料制得，可用于通信线路电缆和电力输送电缆的连接密封。

辐射交联聚乙烯泡沫塑料是一种高技术产品，其交联稳定、泡孔细小和均匀、成本低，具有良好的热成型加工性能，广泛用于建筑、包装、车辆、船舶、农业、渔业和日常生活中。辐射交联电线电缆具有良好的耐热性，并提高了绝缘性能、耐腐蚀性能、耐应力开裂性能、阻燃性能以及使用寿命，广泛用于飞机、汽车、宇航、计算机等领域。

② 离子束加工。离子束加工是在材料表面注入离子束，即把原子电离形成的一束离子经聚焦、加速，使其具有所需要的能量后打入固体材料，以改变固体材料表面层性质的辐射加工技术。离子束加工的趋势是用低温等离子体蚀刻取代高温沉积法。目前已开展了用低温等离子体技术进行蚀刻、微电路制备、薄膜沉积、等离子体聚合、等离子体喷涂、等离子体烧结、超微粉体合成等方面的研究。

③ 辐射治理"三废"。辐射治理"三废"不会对环境造成二次污染。采用加速器的电子束烟气脱硫脱硝技术具有脱硫、脱硝效率高，不需废水处理等优点，是减少燃煤电厂等排放的二氧化硫和氮氧化物对大气造成污染的先进方法。清华大学核能与新能源技术研究院、四川大学等对电子束烟气脱硫脱硝大型示范试验装置进行了研究。清华大学、北京大学等开展了污泥辐射处理和废水辐射处理技术研究。美国已有辐射处理废水工厂40多座，处理水的各项指标优于常规处理法。此外，美国采用辐射处理污泥也已经取得成功，其处理费用低、效果好。

④ 无损检测。无损检测是指通过观察电离辐射和物质的相互作用，对物质进行不经破坏的检测与测量。例如，通过测量辐射源放出的β射线透过塑料薄膜、纸张、薄钢板后射线强度的减弱，就可以测量其厚度。用密封的放射性同位素源为基础，可以制成种类繁多的工业同位素仪表，如厚度计、密度计、料位计、中子水分计、X射线荧光分析仪、γ射线探伤机等。采用的工业同位素仪表具有不需要和被测物质接触，不会损坏被测样品，不受外界条件限制，长期运行精度高，以及检测速度快、稳定可靠、维修量小、使用寿命长等优点。

核微探针是一种新型探测技术，它使用由加速器产生的能量对材料进行高灵敏、非破坏性三维微区分析，比其他形式的微探针具有独特的优势，可对全部元素进行测定。X射线照相是最常用的无损检测技术，可以用来检测金属零部件内部的裂纹、气泡、夹杂物等缺陷。清华大学核能与新能源技术研究院研制成功了钴-60（^{60}Co）集装箱CT检测系统，还研制成功了反恐移动式轿车垂直透视安检系统。

（4）医学　核技术在医学方面的应用有核医学诊断、治疗癌症、放射性免疫和消毒灭菌等。利用钴-60 源或铯-137 源放出的 γ 射线进行辐照，可对一次性医疗用品（如注射器、针头、输液器、解剖刀、纱布、绷带等）进行灭菌消毒，具有常温操作、灭菌彻底、能耗很低等优点，尤其适用于羊肠线、外科手套、塑料导管、生物制品等不耐热医疗用品的消毒。电子加速器用于辐射灭菌时具有控制方便、剂量率高、穿透能力强、照射均匀、易于防护等优点。

5.2.3　核辐射及其预防

5.2.3.1　核辐射概述

核辐射（通常称之为放射性）是原子核从一种结构或一种能量状态转变为另一种结构或另一种能量状态过程中所释放出来的微观粒子流。核辐射可以使物质电离或激发，故称为电离辐射。电离辐射又分为直接致电离辐射和间接致电离辐射。直接致电离辐射包括质子等带电粒子；间接致电离辐射包括光子、中子等不带电粒子。

核辐射主要是 α、β、γ 三种射线。α 射线是氦核，穿透能力很弱，只要用一张纸就能挡住，但吸入体内危害大。β 射线是电子流，照射皮肤后烧伤明显。γ 射线的穿透力很强，是一种波长很短的电磁波。γ 辐射和 X 射线相似，能穿透人体和建筑物，危害距离远。

α、β、γ 三种射线由于性质不同，其穿透物质的能力与电离能力也不同，它们对人体造成危害的方式也不尽相同。α 粒子只有进入人体内部才会造成损伤，这就是内照射；γ 射线主要从人体外部对人体造成损伤，这就是外照射；β 射线则是既造成内照射，又造成外照射。

5.2.3.2　辐射防护

辐射防护是指保护人类免受或少受辐射危害的措施、手段和方法。在核领域，辐射防护专指电离辐射防护。

（1）辐射危害　人们在长期的实践和应用中发现：少量的辐射照射不会危及人类的健康，过量的放射性射线照射会对人体产生伤害；受照射时间越长，受到的辐射剂量越大，危害也越严重。辐射会使人体组织细胞的功能、代谢活动和分裂繁殖能力受损。当辐射达到一定剂量时，会引起细胞死亡，或者细胞内 DNA 分子发生变化或染色体畸变，从而引起细胞变异。内、外照射形成放射病的症状有疲劳、头昏、失眠、皮肤发红、溃疡、出血、脱发、白细胞数下降、呕吐、腹泻等。辐射严重时还会增加癌症、畸变、遗传性病变的发生率，影响几代人的身体健康。核事故和原子弹爆炸的核辐射往往会造成人员的立即死亡或重度损伤。

（2）防护措施　辐射防护分为外照射防护和内照射防护两大类。外照射的防护方法主要有：受照射时间的控制；增大与辐射源间的距离；采用屏蔽物屏蔽。内照射的控制原则主要有：防止或减少放射性物质进入体内；对于放射性核素可能进入体内的途径要予以防范；通过药物或其他手段使已经进入人体的放射性物质及时排出体外。

（3）预防三种射线　对于 α 射线应注意内照射，其进入体内的主要途径是呼吸和进食，其防护方法主要是防止吸入被污染的空气、食入被污染的食物和防止伤口被感染。β 粒子射线穿透能力比 α 射线强，比 γ 射线弱。β 射线是比较容易阻挡的，用一般的金属就可以阻挡。但是，β 射线容易被表层组织吸收，引起组织表层的辐射损伤。防护 β 射线的方法主要有避免直接接触被污染的物品和防止伤口感染，必要时应采用屏蔽措施。γ 射线穿透力最强，而电离能力最弱，可以造成外照射，其防护方法主要有：尽可能减少受照射的时间；增大与辐射源间的距离，采取屏蔽措施。此外，通过在人与辐射源之间加一层足够厚的屏蔽物，可以降低外照射剂量。屏蔽的主要材料有铅、钢筋混凝土、水等。

5.3 核废料处理技术

5.3.1 核废料

核废料是指在核燃料生产、加工或核反应堆中用过的，并具有放射性的废料；也专指核反应堆用过的乏燃料，经后处理回收钚-239 等可利用的核材料后，余下的不再需要并具有强放射性的废料。

（1）核废料的分类　按物理状态可分为固体、液体和气体三种；按半衰期不同，将放射性核素分为长寿命放射性核素、中等寿命放射性核素和短寿命放射性核素；按比活度又可分为高放废料、中放废料和低放废料三种。高放废料是指从核电站反应堆堆芯中换下来的燃烧后的核燃料。中放废料和低放废料主要是指核电站在发电过程中，产生的具有放射性的废液、废物，约占核废料的 99%。

（2）核废料的特征

① 放射性。核废料具有的放射性不能用任何物理、化学、生物等方法消除，只能靠自身的衰变而减少，而其半衰期往往长达数千年、数万年，甚至几十万年。

② 射线危害。核废料放出的射线通过物质时，产生电离和激发作用，会对生物体造成辐射损伤；而且在这些射线当中，有相当一部分具有极强的穿透力，甚至能穿过几十厘米厚的混凝土。

③ 热能释放。核废料中放射性核素通过衰变放出能量，当放射性核素含量较高时，释放的热能会导致核废料的温度不断上升，甚至使溶液自行沸腾、固体自行熔融，比如日本福岛核电站的堆芯就是这样被熔毁的。

（3）核废料的管理原则　核废料管理通常遵循以下原则。

① 尽量减少不必要的废料产生并开展回收利用。

② 对已产生的核废料进行分类收集，分别储存和处理。

③ 尽量减小废料容积，以节约运输、储存和处理的费用。

④ 向环境排放时，必须严格遵守有关法规。

⑤ 以稳定的固化体形式储存，以减少放射性核素迁移和扩散。

5.3.2 核废料处理技术简介

作为一种清洁能源，核能受到了世界上很多国家的青睐。然而核废料的处理一直是核电发展面临的难题和挑战。以下对核废料处理技术进行简要介绍。

5.3.2.1 地质处理

（1）近地表埋藏处置法　近地表埋藏处置法是中、低放废料处置的主要方法，占处置量的 80％左右。该法分为近地表简易处置法和近地表工程处置法两种。

① 近地表简易处置法。近地表简易处置法是在地表挖掘数米深的沟、坑,将盛装废物料的容器(或无容器)废物固化体堆置其中,或将废料直接固化其中,然后再用土回填夯实。此法只在低渗透性的黏土层或降水量非常少的地区效果较好。这种方法对场址选择要求较高,一般在核废料处置的早期阶段采用较多。

② 近地表工程处置法。近地表工程处置法是在地表挖取几米至数十米深的壕沟,大部分深度在 10m 以内,高于地下水位,用混凝土或钢筋混凝土加固壕沟的基底、侧墙。为防降水或渗透水,还要构建排水及监测系统;然后将封装放射性废料的容器堆置其中,最后用黏土、沥青、混凝土等充填物覆盖封顶。一些深度不超过 50m 的竖井和大口径钻孔等处置设施也属于近地表工程处置法。此类设施可建在黏土、冰川沉积物、砾石、粉砂等地质体中。这种处置方法效果及安全性好,目前世界上正在运行和计划建造的废料处置库绝大多数为近地表工程处置设施。

(2) 废矿井处置法 废矿井处置法是利用深度为 60~100m 的废弃矿井,经改造后作为放射性废料的处置场。作为处置场的废矿井必须符合一定的地质条件,如矿井内必须干燥无水,围岩的类型及特性也要满足一定的要求等。可供处置低、中放废料的废矿井有盐矿井、铁矿井、铀矿井、石灰石矿井等。

废矿井处置法的优点是:①不占用大片土地;②可充分利用矿山原有的竖井、地下采空区等,处置成本较低;③处置空间大;④处置深度较大,安全性较好。该法的局限性在于:废矿井一般离核设施较远,需长途运输废物。

中、低放废料不含或只含极少量长寿命超铀核素。例如,核电站废料所要考虑的主要核素是 ^{90}Sr 和 ^{137}Cs,隔离 300~600 年就足以衰减到安全水平。因此,与高放废料相比,中、低放废料的处置技术要求相对较低,但其数量庞大,一般宜就地处置。国外中、低放废料处置主要采用浅地层埋藏、废矿井或洞穴埋藏的方法。

(3) 深度钻孔 将核废料埋入地下正在成为最受推崇的处理方式之一。深度钻孔有其优势的一面,可以在距离核反应堆很近的地区进行钻孔,缩短高放射性核废料在处理前的运输距离。

(4) 深海床处置 高放废料的深海床处置是选择底部沉积物为黏土的深海区,将高放废料容器置入深海(4000~6000m)底部黏土沉积物深处(>20~30m),借助海底未固结黏土和海水永久隔离核废料。

5.3.2.2 固化

固化可以提高核废料处理的安全性,一般是用适当的材料把放射性核废料包裹起来,防止放射性元素的泄漏。放射性废料的固化处理包括水泥固化、沥青固化、塑料(聚合物)固化、玻璃固化等。

(1) 水泥固化 水泥固化工艺是各国最常用的中、低放废液固化技术,为放射性废料以安全稳定固体状态封存提供了一种经济有效的办法。水泥固化处理的优点包括:①处理过程简单、低温;②加工技术良好;③固化产品的热稳定性、化学稳定性和生物化学稳定性良好;④固化时可将放射性废料包容在固化体中,也可通过浇注水泥将其封存起来。核电站水泥固化处理的放射性废料包括蒸残液、泥浆、废树脂及用水泥固定的废过滤器芯等。

(2) 沥青固化 把沥青加热熔融后与废物混合冷却,便可得到固化物。沥青固化工艺比较简单，国外已广泛用于中、低放废液固化处理，但对尾气和二次废物需做进一步处理。

（3）塑料（聚合物）固化　塑料（聚合物）固化是用塑料（聚合物）作为介质，包容各种放射性物质的固化方法。目前研究较多的有聚乙烯、聚氯乙烯、聚苯乙烯等。该法是国际上近年来发展起来的一种新的固化工艺，当前尚处于中间试验或初级工程阶段。

（4）玻璃固化　玻璃固化技术是指将放射性废料和熔融状态的玻璃混合后，采用高温加热、缩小体积的方式制造玻璃固体的技术。被玻璃化的放射性物质在极度恶劣的环境中也不会出现泄漏。韩国开发出一种可将核电站产生的废料体积最多减小 80% 的压缩技术，并实现了商业化。

5.3.2.3　嬗变

采用嬗变技术可以把高放废料中锕系核素、长寿命裂变产物和活化产物核素分离出来，将其制成燃料元件送到反应堆去燃烧或者制成靶子放到加速器上去轰击散裂，转变成短寿命核素或稳定的同位素。采用这项技术，不仅减小了高放废料地质处置的负担和长期风险，并且可以更好地利用铀矿资源。目前实现嬗变的装置主要有快中子堆、聚变嬗变堆、加速器、热中子堆等。

嬗变可将高放废料中绝大部分长寿命核素转变为短寿命核素，甚至变成非放射性核素，可以减小深地质处置的负担，但不可能完全代替深地质处置。分离-嬗变处理的关键在于分离技术，因为完全分离是很难达到的，加之还要产生二次废物。分离-嬗变技术现在只是处于开发的初级阶段，少数发达国家尚处于概念设计和探索试验，距离实际处理高放废料还有很长的路要走。

5.3.2.4　核废料处理新技术

（1）纳米材料和纳米技术　纳米材料是受到广泛重视的一种新型材料。纳米尺寸使这种材料比普通材料有更大的比表面积和更多的表面原子，因而显示出较强的吸附性能。纳米材料在核废料处理中有着潜在的应用前景。但是，由于固-液界面反应涉及很多因素，放射性核素在纳米材料固-液界面的作用机理十分复杂。目前，纳米材料在核废料处理中虽然取得了一些成果，但仍需要进一步的深入研究。

（2）细菌处理核废料技术　美国密歇根大学的研究人员发现一种名为硫还原地杆菌的细菌，可以通过对附着物的侵蚀来清除多种毒素、油污，甚至是核废料。这种细菌通过菌毛将电子传递到其取食的物质上，经过传导电子，便能从其中获得能量，并改变其食用废料的离子态，使其从水中沉淀出来。生长在核废料旁的菌落可以从其中提取铀，从而可以更加方便和快捷地处理核废料。通过实验发现，在有害化学物质越多的环境中，硫还原地杆菌会生成更多的菌毛。因此，可以更好地将铀等有毒物质排斥在其分子膜以外。未来或许该技术将成为安全处理核废料的最佳方法。

（3）生物吸附剂技术　生物吸附剂技术是 20 世纪 80~90 年代发展起来的一项技术。生物吸附剂对放射性核素具有强选择性的吸附能力。在生物吸附剂的组分中，壳多糖含量较高。壳多糖的主要吸附机制是螯合，能吸附所有的重金属和放射性核素，而几乎不吸附钾、钠、钙等碱金属和碱土金属。所以，生物吸附剂可用于高含盐量核废液中，吸附放射性核素。

本章小结

　　本章在介绍核能概念、特点、核能资源分布和核能技术研究进展的基础上，归纳了核能在工业、农业、医学等方面的应用，阐述了核辐射及其预防措施，最后对核废料污染及其处理技术进行了分析。

　　核能储量丰富、清洁、经济和安全，核能的利用对解决全球环境问题、实现可持续发展具有重要意义。在开发和利用核能的过程中，要预防核辐射和处理核废料，纳米技术、细菌处理和生物吸附技术是核废料处理的重要研发方向。

第6章

可燃冰

6.1 可燃冰概述

6.1.1 可燃冰及资源分布

6.1.1.1 可燃冰基本概念及其特点

(1) 可燃冰的基本概念　可燃冰学名为"天然气水合物"，又称为气体水合物或甲烷水合物（或简称为水合物），是一种天然气与水的固态化合物，外观多呈白色或浅灰色晶体，外貌类似冰（但并不是冰，更准确地说有些像酒精块），可直接被点燃，故被称为"可燃冰"。

可燃冰主要分布于水深至少大于 300m 的海洋及陆地冻土带中，这里的压力和温度条件能使可燃冰处于稳定的固体状态。根据可燃冰的分子晶体结构，可分为三种类型：Ⅰ型为立方晶体结构；Ⅱ型为菱形晶体结构；H 型为六方晶体结构。可燃冰分子结构示意参见图 6-1。

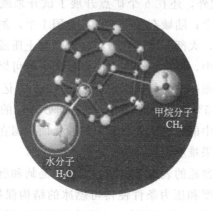

甲烷分子
CH_4

水分子
H_2O

图 6-1　可燃冰分子结构示意

可燃冰主要来源于生物成因气、热成因气和非生物成因气。可燃冰的形成一般有以下基本条件：第一是温度条件，生成可燃冰的适宜温度在 0~10℃之间，最高限是 20℃左右；第二是压力条件，形成可燃冰要有足够的压力（在0℃时，只需3MPa以上它就可能生成），压力越大，越稳定；第三是必须要有天然气，没有天然气就不能形成可燃冰。

随着科技的不断发展和开采技术的进步，可燃冰作为一种非常规天然气，在国际上深受关注，原因主要在于：一是储量巨大和高效清洁的特点使得可燃冰被誉为21世纪的绿色能源，很有可能在未来替代石油、煤炭、天然气等；二是可燃冰的形成与演化以及工业开采和应用，有可能对全球气候变化和海洋生态环境带来重大影响。由于可燃冰的重大战略资源意义，从20世纪80年代开始，世界很多国家相继投入巨资开展地质勘查、开发及科学研究。

（2）可燃冰的主要性质

① 可燃冰储藏需具备四个基本条件：足够富集的水和气；足够低的温度；较高的压力；一定的空隙空间。

② 可燃冰的密度接近并稍低于冰的密度。可燃冰具有多孔性，其剪切模量、硬度均低于冰；热导率和电阻率均远小于冰；可燃冰的声波传播速度明显高于含气沉积物与饱和水沉积物。

③ 可燃冰能量密度非常高。其燃烧时产生的能量比相同质量的普通化石燃料要高出几十倍，每立方米可燃冰在标准大气压下能释放出约$164m^3$的天然气、$0.8m^3$的水。

④ 可燃冰可直接被点燃，燃烧后几乎不产生任何残渣，对环境的污染比煤、石油、天然气都要小得多。

⑤ 可燃冰储量巨大。据估算，全球可燃冰中的有机碳占全球有机碳的53.3%，而石油、天然气和煤炭三者储量的总和才占到26.6%。因此，可燃冰资源总量约是全球石油、天然气和煤炭等传统化石资源量总量的2倍，仅海底储存的可燃冰就至少够人类使用1000年。

6.1.1.2 可燃冰的资源分布

可燃冰的分布非常广泛，不仅在地球上存在可燃冰，甚至在许多地球之外的天体中也存在可燃冰。在地球浩瀚的海洋之中，大约90%的面积存在形成可燃冰的潜在条件（海洋中可燃冰资源环境分布见图6-2），而大约27%的陆地也存在类似的潜在条件。根据中国地质调查局数据，截至2017年底在全球直接或间接发现水合物的矿点已达到234处，并在其中49处获得了可燃冰样品。此外，还在5个矿点开展了试开采或正式开采。其中，海域有2个矿点：中国1个，日本1个；陆域有3个矿点：美国1个，加拿大1个，俄罗斯1个。

根据可燃冰的储存类型，大部分可燃冰分布在海洋黏土质或粉砂质细粒沉积物中，其次是分布在地层的孔洞或裂缝中，再次是分布在海洋砂层中的可燃冰和陆域冻土带砂层中。据估算，全球砂层中赋存于可燃冰中的气体量可能超过1217万亿立方米，约占全球可燃冰原地资源量的中间范围估值的5%。从目前技术条件看，砂岩中的可燃冰较易开采；陆域及日本海域主要是针对砂岩储层中的可燃冰进行开采试验；而中国在神狐海域开采的可燃冰储集类型是黏土质粉砂储层，开采难度较大。

可燃冰主要分布在海洋盆地的表层沉积物、陆坡、岛屿和沉积岩中，也可以颗粒的形式分散在海底。这些地点的温度和压力条件使得可燃冰的结构保持稳定。大西洋85%、太平洋95%和印度洋96%的面积均含有可燃冰。在海底发现的可燃冰一般存在于300～500m以下。世界上海底已发现可燃冰主要分布在：大西洋海域的墨西哥湾、加勒比海、南美东部陆缘、非洲西部陆缘、美国东海岸外等；西太平洋海域的白令海、鄂霍茨克海、千岛海沟、日本海、冲绳海槽、四国海槽、中国南海北部海域、苏拉威西海、新西兰北部海域等；东太平

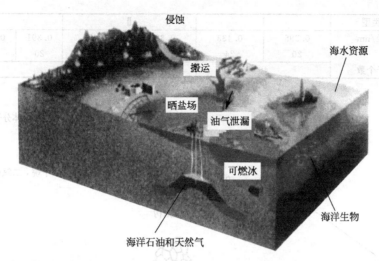

图 6-2　海洋中可燃冰资源环境分布

洋海域的中美海槽、北加利福尼亚及俄勒冈外海、秘鲁海槽、智利群岛外海；印度洋的阿曼海湾；南极的罗斯海和威德尔海；北极的巴伦支海和波弗特海，以及处于内陆的黑海与里海等。我国的海洋中蕴藏着储量巨大的可燃冰，据估计南海可燃冰储量大约在700亿吨，我国东海和台湾海域也存在可燃冰。

　　陆上可燃冰主要分布在有油气显示的高纬度沼泽和盆地的永久冻土层或岩石中。美国和俄罗斯分别在北极永久冻土层、西伯利亚永久冻土层中发现了可燃冰；我国在西藏、青海、黑龙江等地的永久冻土层中也发现了可燃冰。

6.1.2　可燃冰的构型及相关理论基础

6.1.2.1　可燃冰的构型

　　可燃冰是烃类气体分子（主要成分为甲烷）和水分子在中高压和低温条件下混合时组成的类冰、非化学计量的、笼形结晶化合物。可燃冰的本质是小分子气体（主要是 CH_4）"住"在由各种规则笼形结构（水分子组成）套在一起组成的晶胞结构里，小分子是客体，晶胞结构是主体，主客体之间通过范德瓦耳斯力联系在一起。最典型的可燃冰构型有三种：Ⅰ型为立方晶体结构，组成的气体分子主要为甲烷（含量大于93%）；Ⅱ型为菱形晶体结构，组成的气体分子除甲烷外，还含有相当数量的乙烷、丙烷和异丁烷；H型为六方晶体结构，由直径较大的气体分子构成，如二氧化碳等。水合物三种构型的对比见表6-1。组成水合物的笼形结构有五种：5^{12}、$5^{12}6^2$、$5^{12}6^4$、$4^35^66^3$、$5^{12}6^8$（图6-3）。从图6-3中可以看出，Ⅰ型由2个 5^{12} 和6个 $5^{12}6^2$ 单元组成；Ⅱ型由16个 5^{12} 和8个 $5^{12}6^4$ 单元组成；H型由3个 5^{12}、2个 $4^35^66^3$ 和1个 $5^{12}6^8$ 组成。

▣ 表 6-1　水合物三种构型的对比

水合物结构类型	Ⅰ		Ⅱ		H		
空腔	小	大	小	大	小	中	大
多面体	5^{12}	$5^{12}6^2$	5^{12}	$5^{12}6^4$	5^{12}	$4^35^66^3$	$5^{12}6^8$
单胞所含空腔个数	2	6	16	8	3	2	1

续表

水合物结构类型	I		II		H		
平均空腔半径/nm	0.395	0.433	0.391	0.473	0.391	0.406	0.571
配位数	20	24	20	28	20	20	36
单胞所含分子个数	46		136		34		

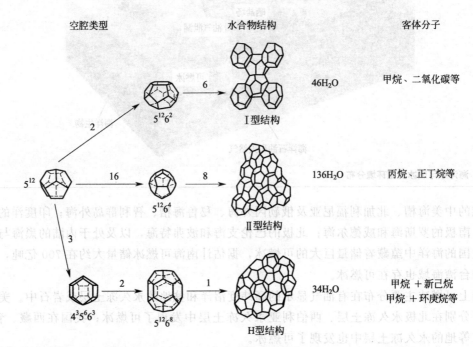

图 6-3　水合物类型

6.1.2.2　可燃冰的相关理论基础

随着量子化学和分子动力学计算方法的出现以及计算机技术的成熟，理论计算已经成为一种精确、有效预测可燃冰结构及各种气体微观性质的方法，对于分析可燃冰和各种气体的微观结构、化学性质和可燃冰的置换与开采具有一定的借鉴作用。例如，Iitaka 和 Ebisuzaki 用密度泛函理论研究了不同的客体分子对笼形水合物稳定性的影响。Mao 等通过密度泛函理论计算表明小型笼形水合物可以接受两个氢分子。2004 年，Anderson 等构建了甲烷-氩-水笼形水合物的模型，在 aug-cc-pVQZ 基组的基础上，利用二阶微扰理论计算了其结合能、反应活化能等一系列重要的物理化学参数。

在量子化学方面，Kumar 等于 2011 年在 MP2/CBS 理论的指导下，评估了可燃冰主客体之间的相互作用能。2012 年，Pisani 等定期使用 MP2 计算 MH-III 型笼形水合物的包含能，并验证了 MP2 法在研究包含能方面的合理性和优越性。2014 年 Jendi 等用建立的密度泛函理论研究了甲烷水合物的力学性能和结构性质。Ojamae 等在 6-311++G（2d，2p）的水平上，用修正的 B97X-D 密度泛函理论研究了笼形水合物的稳定性以及主客体分子间的相互作用。Kumar 等用密度泛函理论研究了笼形水合物中主客体分子的相互作用，在 aug-cc-PVTZ 的限制下，比较了 B3LYP、M06-L、M06-HF、M06-2X、BLYP-D3 等五种方法在预测笼形水合物构型方面的优劣。Vidal 等利用密度泛函理论研究了 CH_4 和 CO_2 笼形水合物的能量拓扑图谱。Izquierdo-Ruiz 等利用第一性原理的计算方法研究了笼形水合物主客体分子之间的相互作用。Darvas 等利用计算机模拟跨液液界面的甲烷，对甲烷水合物内在的溶解自由能分布进行定量研究。

分子动力（MD）模拟可以从微观机理方面对水合物的形成及分解机理进行说明。科研工作者利用分子动力学模拟研究了笼形水合物的热稳定性、界面结构变化、分解和生成过程、笼内分子的扩散等大量相关问题。颜克凤等利用 MD 法探究了不同 CO_2 水合物、CO_2-N_2 混合气水合物、CH_4 水合物的形成和分解过程。Yezdimer 和 Geng 等利用 MD 模拟的方式分别从化学反应吉布斯自由能和稳定性角度证明了 CO_2 置换 CH_4 的可行性，并且说明了在 CH_4 水合物、CO_2 水合物以及 CH_4-CO_2 混合气水合物中，CH_4-CO_2 混合气水合物最为稳定，从理论上证明了置换反应的可行性。

Uchida 等首次利用 Raman 图谱分析证明了置换反应在 CO_2 气相与 CH_4 水合物相界发生，并且认为置换反应速率非常低，诱导时间甚至需要几天。在此基础上，他们还进一步分析了置换反应过程中气相中，CO_2 与 CH_4 的组分浓度比与时间的关系。结果发现，随着时间的推移，气相中 CH_4 的组分浓度是不断上升的，但上升速率越来越慢。Hirohama 等认为不同相中的组分逸度差是置换反应的驱动力，Qi 等则在此基础上发展了置换过程的动力学模型，并认为 CH_4 的分解以及 CO_2 的传质是置换过程中的控制环节。

Nohra 等分别将二氧化硫、甲烷、氮气和硫化氢作为辅助剂，掺入二氧化碳水合物中，利用 MD-TII（分子动力学-热力学集成法）研究了各成分形成笼形水合物的机理。Yagasaki 等通过分子动力学模拟，发现了 NaCl 的浓度对可燃冰的解离过程有很大影响。他们利用约 50ns 的理论计算，在 292K 的 NaCl 水溶液中，发现了可燃冰解离和甲烷形成气泡的全过程，非常直观地展现了不同浓度 NaCl 水溶液对可燃冰分解的影响。低浓度的 NaCl 水溶液会对天然气的分解起到减速作用，但当浓度继续增加时，呈现为加速天然气气泡的生成。Nguyen 等利用分子动力学模拟方法，研究了多态笼形水合物不同构型之间交错成核的机理和晶体生长的动力学问题。

6.1.3 寻找可燃冰的方法

目前寻找可燃冰的方法主要包括以下几种。

(1) 采用人工地震　通过人工地震获得海水面下或冻土层下特殊的地震波特征，识别是否有可燃冰的存在。通常可燃冰有关的地震波振幅比其他物质的地震波振幅要小，特别是在平缓的海底，这一特征尤为明显。

(2) 采用地球化学方法　在海水下或永冻层中提取浅层沉积物，通过地球化学元素特征的分析和比对，如甲烷浓度异常、发现菱铁矿等，可以推测是可燃冰的存在场所。

(3) 通过地形地貌特征来判断　在海洋或永冻层中可燃冰会形成一些特征性的微地貌，如泄气窗、甲烷气苗、泥火山、碳酸盐壳和有关的生物炭等。海底冷泉是可燃冰存在的重要标志。

(4) 特殊的构造环境　可燃冰的下方通常有储油或天然气构造，如构造变形或断裂形成的构造封闭圈可促进油气聚集，这类构造特征在人工地震波形上比较容易识别。

(5) 采用海底特殊的生物探测可燃冰　根据调查发现，可燃冰与海底特殊的生物共生。例如，在海底冷泉口附近有一种白色的螃蟹，它以可燃冰作为食物。除此之外，海底可燃冰周围一般会存在数百种微生物，如果没有这类微生物的存在，可燃冰就不会存在。因此，科学家认为可燃冰可能是由微生物的遗体产生的，这为研究可燃冰的成因提供了新的线索和思路。

6.2 可燃冰的开采

6.2.1 可燃冰的开采方法

当今世界各国科学家对于可燃冰的开采，提出了非常多的办法。大致原理是破坏可燃冰的平衡状态，使水和天然气分离，进而达到开采的目的。可燃冰的开采主要依据以下原理进行：①降低可燃冰层的压力，使其达到相平衡压力以下，此时可燃冰会自动分解，从而得到气态甲烷气体；②提高可燃冰的温度，使其达到相平衡温度以上，使可燃冰获得足够分解的热量，从而经过分解得到甲烷气体；③加入化学试剂，降低可燃冰的温度，同时，提高可燃冰的压力，使可燃冰开始进行分解；④将可燃冰收集进行初步分离，之后将可燃冰提升到海平面，利用海水自身的温度对可燃冰进行分解并获得气体。目前开采可燃冰的思路主要有以下几种。

(1) 与传统油气开采结合，通过降压、注热、注入化学药剂以及 CO_2 的方法，将可燃冰在海底分解为气体，然后输导至海平面。其开采方法主要有加热法、减压法、化学试剂注入法和 CO_2 置换法 4 种。

① 加热法。又称热激发法，是将蒸汽、热水、热盐水或其他热流体从地面泵入可燃冰地层，进行电磁加热和微波加热，促使温度上升、水合物分解。加热法开采原理见图 6-4。该法更适用于对水合物层比较密集的水合物藏进行开采。如果水合物藏中各水合物层之间存在很厚的夹层，则不宜用此方法进行开采。该方法会造成大量的热损失，效率很低，甲烷蒸气不好收集。特别是在永久冻土带，即使利用绝热管道，永冻层也会降低传递给储层的有效热量。减小热量损失、合理布设管道并高效收集甲烷蒸气是亟待解决的问题。

② 减压法。减压法可通过降低压力而引起可燃冰稳定的相平衡曲线移动，使水和天然气分离，从而达到开采的目的。降低压力的方法主要有两种：一是降低钻井工程中的泥浆密度进而达到减压的目的；二是通过抽离开采层下游离气层中其他不相关流体，以此达到降低整体环境压力的作用。减压法开采可燃冰示意见图 6-5。减压开采法由于操作过程相对简单，因此成本较低，相比于其他已知方法，更适合大面积开采，在众多传统方案中最具有前景，尤其适用于存在游离气层的可燃冰藏的开采。但是，它对可燃冰开采地的环境性质有着特殊严格的要求。因为可燃冰所处环境要求低温、高压，所以只有当可燃冰开采地的温度处于温压平衡点附近时，减压开采法才会被纳入考虑，避免浪费人力、物力。

③ 化学试剂注入法。某些化学试剂，如盐水、二氧化碳、甲醇、乙醇、乙二醇、丙三醇等可以改变可燃冰相平衡条件，降低其稳定温度。当将这些化学试剂从井孔泵入后，就会引起化合物的分解。这种方法的优点在于初级阶段的能量损耗较小，其也有缺点：用于进行分离可燃冰的化学试剂生产费用比较高，化学试剂的加入可能会对海洋环境造成一定的影响。但是，由于其能源初始消耗较少，如果将来能开发出相对廉价且环境温和的化学试剂，

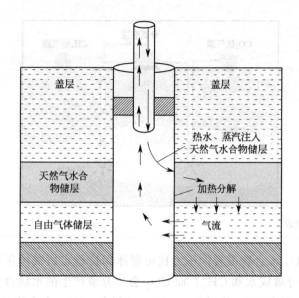

图 6-4   加热法开采原理

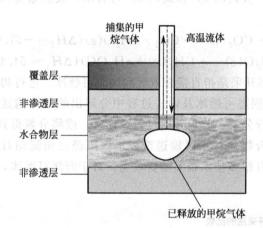

图 6-5   减压法开采可燃冰示意

可能会有更广阔的前景。

④ CO_2 置换法。Ebinuma 和 Ohgaki 首次提出了 CO_2 置换开采可燃冰的设想，经过长期的研究和论证，CO_2 置换开采可燃冰在动力学和热力学方面被证实具有很高的可行性。CO_2 置换法的基本原理为：CO_2 分子在范德瓦耳斯力作用下将围绕在 CH_4 气体分子周围的 H_2O 分子吸引过来，使原本在 CH_4 气体分子周围和 H_2O 分子之间的 H 键断裂，形成游离态的 H_2O 分子；同时，随着 H_2O 分子逐渐离开，使处在里面的 CH_4 气体分子游离出来。其置换反应式如式（6-1）所示。

$$CH_4 \cdot nH_2O(s) + CO_2(g) \longrightarrow CH_4(g) + CO_2 \cdot nH_2O(s) \quad (n \geqslant 5.75) \quad (6-1)$$

与其他开采技术相比，CO_2 置换开采可燃冰最大的优势是能够保持原有储层构造的稳定性，降低地震等一些地质灾害发生的概率，是一种安全的开采技术。CO_2 置换开采法原理见图 6-6。

研究表明，若将液态 CO_2 注入可燃冰储层，由于 CO_2 亲水性比 CH_4 要好，且在相同

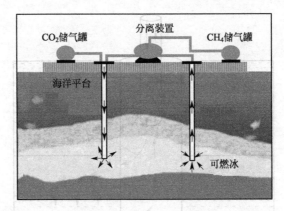

图 6-6　CO₂ 置换开采法原理

温度条件下，生成 CO_2 水合物需要的压力比可燃冰保持稳定所需的压力低，因此在某一压力范围内，可燃冰会分解成水和 CH_4；而 CO_2 会与分解产生的水结合生成水合物且保持稳定，因而会出现 CO_2 驱走 CH_4 的现象。在这一过程中，CO_2 水合物的生成是放热过程，可燃冰分解则是吸热过程。从式(6-2) 和式(6-3) 可看出，放热量要大于吸热量，因而这一过程也能够自发进行。

$$n\,H_2O(l) + CO_2(l) \longrightarrow CO_2 \cdot n\,H_2O(s)\ (\Delta H_f = -57.98 \text{kJ/mol}) \qquad (6\text{-}2)$$

$$CH_4 \cdot n\,H_2O(s) \longrightarrow CH_4(g) + n\,H_2O(l)\ (\Delta H_f = 54.49 \text{kJ/mol}) \qquad (6\text{-}3)$$

　　(2) 固态开采　固态开采是指直接获取海底固态可燃冰，进行初步泥沙分离后，采用固-液-气三相输送技术，将固态可燃冰及输送过程中分解出的气体输送到海面，然后利用海面的高温海水对可燃冰进行分解、收集并通过管道输送，或将分解得到的气体重新制成可燃冰固体转入船运。由于水合物从深水区输送至浅水区历经三相流动且需要消耗大量能量，因此，实现商业化生产还有很多技术难关需要攻克。对于海洋可燃冰，传统开采法与固态开采法的比较见表 6-2。

表 6-2　传统开采法与固态开采法的比较

项目	传统开采法	固态开采法
优点	海底以上的部分可以直接采用现有的油气开采技术,只需开发提高可燃冰分解效率的技术即可	输送过程中分解的气体可以产生自发向上的动力,因此开采效率很高;类似技术已经在其他海洋资源(如金属锰)的开发中成功应用,为其在可燃冰开采领域的应用提供了重要参考
缺点	需注入大量能量或化学药剂,开采效率不高,同时可能会带来环境危害	与现有油气开采技术差别较大,需要全面开发相关技术,难度较大

　　(3) 冷钻热采法　2017 年 5 月，我国"蓝鲸一号"海上钻井平台采用降压法首次试采成功，使中国对可燃冰的勘探开发技术进一步得到提升。历经多年技术攻关，吉林大学科研团队成功研发出国内外首创的可燃冰冷钻热采关键技术。该技术的关键创新点如下：①发明了可燃冰孔底快速冷冻取样方法，提出主动式降温实现被动式降压技术，开采取样时，运用强制冷冻技术使用液氮来控制可燃冰温度（−30℃），达到防止可燃冰分解的目的。②提出钻井液"动态强制制冷"技术，解决了钻井中泥浆温度过高导致可燃冰分解的问题，达到了可燃冰取样的温度标准。

上述每一种方案都有其优缺点，需要根据具体情况进行具体分析。至今为止，也没有找到一种行之有效的应用于可燃冰开采的方法。由于可燃冰所处的开采环境和可燃冰自身的物化性质，现存方法或多或少都存在技术需求严苛、造价高、能源利润比低、开采效率不高等一系列问题。总之，可燃冰的开采方法大多还停留在处于探索的模拟试验阶段。

6.2.2　可燃冰开采的风险分析

6.2.2.1　导致地质灾害

可燃冰的生成过程实际上是水合物-溶液-气体三相平衡变化的过程，这种生成条件和存在形式决定了可燃冰稳定性较为脆弱，开发时会产生与传统能源不同的特点：煤炭在矿井下是固体，开采后仍然是固体；石油在地下是流体，开采后仍是流体；而可燃冰在海洋底埋藏时是固体，在开采过程中分子构造发生变化，由固体变为气体。在可燃冰开发过程中，不论是注热还是降压，或者收集提升至水面，都会发生相变的特征，使得可燃冰的开发过程易引发地质灾害。

可燃冰的分解可使海底沉积物的力学性质减弱，导致可燃冰层底部可能因重量负荷或地震、火山等外界因素的扰动而出现剪切强度降低的薄弱区域，进而导致发生大片的可燃冰滑坡并带动岩层流动或崩塌，发生地质灾害。这些地质灾害主要表现为海平面升降、地震及海啸等。因此，这类气体的大规模自然释放，在某种程度上会导致地球气候的急剧变化。

6.2.2.2　加剧全球温室效应

可燃冰的主要成分是甲烷，甲烷的温室效应是二氧化碳温室效应的 20 多倍。虽然目前大气中的甲烷总量并不高，仅仅占到二氧化碳总量的 5%，但甲烷对温室效应的贡献率却高达 15%。据测算，在 20 年内甲烷全球变暖的潜能相当于二氧化碳的 56 倍，全球可燃冰中蕴含的甲烷量约是大气层甲烷量的 3000 倍，而可燃冰分解产生的甲烷进入大气层的量，即使只占大气层甲烷总量的 0.5%，也会明显加速全球变暖的进程。因此，在目前关键技术尚未成熟的背景下大规模开发可燃冰，则势必会有大量甲烷泄漏到大气层中，极大地加剧全球温室效应，进而导致海水、极地和地层气温升高，而这又会改变可燃冰赋存的低温环境，从而加速地层中的可燃冰分解，造成恶性循环，严重影响全球气候。如果收集过程处理不当，还会导致可燃冰中的甲烷泄漏，将会使日益加剧的全球温室效应问题更加严重，对全球气候造成严重后果。

6.2.2.3　破坏生态系统

可燃冰与其所赋存的生态系统处于一种敏感的平衡中，温度的升降、压力的变化、沉积盆地与海平面的升降、上覆沉积物的增厚等因素均会影响可燃冰的稳定性，导致可燃冰层被破坏。可燃冰层失稳所逸散的甲烷会进一步加剧和破坏当地生态系统平衡，使其所在地域的海洋生态系统被破坏，造成海洋生物大面积死亡。

(1) 海底可燃冰开发导致的生态破坏　在可燃冰开采的过程中，会有部分甲烷气体不能被完全收集从而溶解到海水中。进入海水中的甲烷会发生较快的微生物氧化作用，影响海水的化学性质，消耗海水中的大量氧气，使海洋形成缺氧环境，从而给海洋微生物的生长、发育带来危害。具体到海底可燃冰开发过程中，由于可燃冰赋存的特殊机理，其开采的基本原理是围绕如何人为地改变可燃冰稳定存在的温度和压力条件，促使可燃冰发生分解以产出天然气。每类开发技术均需要使用一些特殊的化学试剂，这些化学品往往具有毒性，影响水合物附近生命体的生活环境。这些动物不仅仅包括栖息于可燃冰附近的浮游动物等微型动物，也包括管状蠕虫和蚌类等大型底栖动物。

（2）大陆冻土区可燃冰开发导致的生态破坏　陆域可燃冰开发过程中释放的甲烷由于没有巨厚的海水覆盖，会迅速进入大气层，增强温室效应，加剧全球变暖。因此，会进一步减少冰川覆盖面积，形成恶性循环。其造成的负面影响包括冻土退化、沙漠化、植物物种减少、高原水土流失等生态破坏。不仅如此，冻土面积的缩减还会对该区域的铁路、公路、建筑和油气管道及矿山安全带来重大威胁。

6.2.2.4　损坏工程设施

由于可燃冰储层在开采过程中的不稳定性，其储层底部可能因重量载荷或地震等发生剪切等变形而形成薄弱层（区），导致海泥下大面积尚未固结"岩层"的蠕动、流变或崩塌、滑塌等，这就会导致重要的工程设施，如海底输电或通信电缆、输油管线、导管架、海洋钻井平台等发生损坏，进而造成经济损失，导致不良影响。

6.2.2.5　引发海底油污染

在海底进行可燃冰储层开采时，由于其储层中会夹杂或多或少的油藏，在进行初步泥沙分离的过程中或者海底滑坡及浅层构造变动中，会导致油藏露出海底覆盖层，进而逃逸到海水中或者海面上，对海洋生物、鸟类以及海水水质等造成影响，产生污染。

总之，只有在真正取得技术突破，并确保无任何泄漏、保障安全、消除污染的前提下，才能考虑进行开采和利用可燃冰；同时，还应以科学和严谨的态度，积极而又稳妥地推进可燃冰的开发和利用。

6.3　可燃冰利用技术

6.3.1　可燃冰的研究现状

6.3.1.1　美国的研究现状

美国是最早开展对可燃冰开发和研究的国家之一。20世纪70年代，美国在深海钻探作业中首次发现海底可燃冰之后，主导和参与了一系列钻探计划。

（1）国际深海钻探系列计划与大洋钻探计划　1981年，国际深海钻探计划（deep sea drilling program，DSDP）利用钻探船从海底取得可燃冰岩心。1992年，大洋钻探计划（ocean drilling program，ODP）在美国俄勒冈州西部大陆边缘卡斯卡迪亚（cascadia）海台获得了可燃冰岩心。1995年，大洋钻探计划在美国东部海域布莱克海台实施系列深海钻探，获得了大量可燃冰岩心，并首次证明该矿藏具有商业开发价值。1997年，大洋钻探计划在美国布莱克海台首次完成了可燃冰的直接测量和海底观察；同年，大洋钻探计划在加拿大西海岸胡安-德夫卡洋中脊陆坡区实施了深海钻探，取得了可燃冰岩心。

（2）墨西哥湾实施深海钻探系列试验　1979年，国际深海钻探计划从海底获得91.24m的可燃冰岩心。2005年，美国在墨西哥湾海域实施了规模性的钻探工作，发现并证明了砂层可燃冰具备开采潜力；2009年，在墨西哥湾进行钻探取样考察，发现墨西哥湾蕴藏着大量可燃冰。2017 年 5 月，美国国家能源技术实验室和得克萨斯大学奥斯汀分校共同在墨西哥湾开展钻探取样，以进一步评估墨西哥湾深海可燃冰的性质和现状。

（3）阿拉斯加可燃冰开采系列试验 2007 年 2 月，美国能源部、美国地质调查局和 BP 公司联合在阿拉斯加北坡区域实施了科学钻探和数据收集计划。2012 年，美国能源部、美国康菲石油公司与日本石油天然气金属矿物资源机构合作，采用 CO_2 置换法在阿拉斯加北部的普拉德霍湾地区的试验井中开采了可燃冰，研究发现注入 $5950m^3$ 混合气体（23% CO_2）后，可以回收释放的甲烷量高达 $2.8 \times 10^4 m^3$。

据介绍，美国能源部自 1982 年就开始资助可燃冰的研究。从 2000 年开始，美国政府授权美国能源部建立专门针对可燃冰开发的研究性国家级项目，即《甲烷水合物调查研究和开发行动法案》。该项目还派生出许多新的可燃冰调查研究项目，调查研究项目超过 40 余个。其主要目标为：建立全球可燃冰数据库，解决开采技术难题，实现商业化开采，评估其对国家能源安全的贡献值，评估其对全球能源市场的贡献以及评估开采可燃冰对常规油气生产的影响。

2015 年，在上述《甲烷水合物调查研究和开发行动法案》结束之际，专家们认为可燃冰研究项目推动了该领域的技术和经济可行性问题的解决，但由于美国国内"页岩气革命"的冲击等，导致以可燃冰代替石化燃料在美国短期内不具经济或环境竞争力。但是，专家们也认识到可燃冰具有巨大的资源潜力，是一种重要的长期能源资源，尤其是对缺少可靠替代能源的国家而言。

6.3.1.2 日本的研究现状

由于资源匮乏，因此日本比较重视可燃冰资源勘查、基础性研究和关键技术研发工作。日本对可燃冰的研究始于 20 世纪 70 年代。1980 年，日本发现四国南海海槽可燃冰存在的地理标志。1990 年，在此海域采集到可燃冰样本。2001 年，日本经济产业省发表《甲烷水合物开发计划》，正式启动为期 18 年的甲烷水合物开发研究，并设立了"21 世纪可燃冰开发研究财团（MH21）"。

日本近海的可燃冰资源主要有两大类：一类是深埋于海底地层的"砂层型可燃冰"，主要分布在太平洋海域；另一类是位于海底表层附近的"表层型可燃冰"，主要分布在日本海海域。

2008 年 3 月，日本根据海洋基本法确定的《海洋基本计划》将可燃冰开发计划上升为国家战略，进一步明确了可燃冰开发路线图。日本的可燃冰计划主要设定以下目标：查明日本周边海域可燃冰的产出条件和特征；选择可燃冰资源赋存区并研究其经济可行性；进行可燃冰生产试验并研发商业性生产技术；建立环保的开采体系。

在可燃冰开发计划的第一阶段中，日本 MH21 研究财团进行了可燃冰矿藏的探索。2011 年，在日本爱知县沿岸的近海海底启动了可燃冰钻探作业，随后 MH21 研究财团在静冈县至和歌山县的东部南海海域进行地震探测和调查，进而确定该海域具有巨大的可燃冰矿藏。

在可燃冰开发计划的第二阶段中，2013 年 3 月，日本在爱知县东南部的海槽进行了首次可燃冰试采，成功从附近深海可燃冰层中提取出甲烷，成为世界上首个掌握海底可燃冰开采技术的国家。在此次试采研究中，日本采用降压法，产气量大大超过此前的陆地冻土区可燃冰试采。但是，该次试采因出砂堵塞等技术问题而最终失败。2017 年 5 月，日本针对可燃冰开展第 2 次海洋生产性试验，再次因出砂堵塞问题而中止，没有能够完成原定计划目标。

日本 MH21 研究财团在对包括加热法、减压法、化学试剂注入法以及二氧化碳置换法在内的十余种生产方法进行了研究分析，通过模拟实验及加拿大陆上生产试验实证，最终确定减压法最具生产有效性和经济性：减压法只需提供泥浆循环所需动力，具有高能源效率，并且其能源效率还可根据减压度等生产条件的变化进行调整。

然而，利用减压法生产可燃冰时，其产量及采收率会受到可燃冰储集层温度变化的影响。此外，生产过程中可能出现的储集层温度下降等现象还将导致产量下降。因此，为保持储集层温度，研究人员将致力于开发复合生产方法，利用特制泥浆实现经济有效的热供应，以此解决可燃冰层周边环境温度逐渐下降的问题。

6.3.1.3 我国的研究现状

中国是较早进行可燃冰研究的国家之一，在试采可燃冰方面一直处于世界前列。1997年，中国设立了"中国海域天然气水合物勘测研究"项目。1998年，中国成立了国土资源部，并开展了国土资源大调查。中国自 1999 年开始，陆续在南海北部陆坡开展天然气水合物调查，研究区域主要分布在西沙海槽盆地、琼东南盆地、珠江口盆地等深水区，均发现了天然气水合物存在的证据。

2004 年 5 月，中国地质调查局与德国合作，在中国南海发现世界上规模最大的天然气水合物碳酸盐岩区。该碳酸盐岩区分布面积为 $430km^2$，至今仍在释放甲烷气体，这一发现被认为是中国南海存在天然气水合物的重要间接证据。

2007 年 5 月，在中国南海北部神狐海域首次成功钻获天然气水合物实物样品，这标志着中国成为继美国、日本、印度之后的第 4 个由国家主导系统开展可燃冰资源调查并获取实物样品的国家，标志着中国在可燃冰勘探上的突破，为南海北部陆坡可燃冰资源远景评价及成藏机理和分布规律研究提供了可靠的科学依据。

2013 年 6 月，在紧邻珠江口盆地东部海域附近地区进行了钻探，获取了大量层状、块状、结核状、脉状及分散状等多种类型的水合物实物样品，甲烷气体含量超过 99%。这是中国海域天然气水合物勘探的里程碑，标志着可视的多种赋存形式水合物实物样品首次被获取。

2017 年 3 月，在位于南海北部海域进行了中国第一口天然气水合物试开采钻井，此次试开采作业区位于珠江口东南的神狐海域，实现了试采计划预定目标。这次天然气水合物试开采不但是中国首次，也是世界首次成功实现对资源量占全球 90% 以上、开发难度最大的泥质粉砂型天然气水合物的安全可控开采，实现了历史性突破，对推动我国能源生产和消费革命具有重要而深远的影响。国土资源部对外正式宣布，国务院于 2017 年 11 月 3 日正式批准将天然气水合物（即"可燃冰"）列为新矿种，成为我国第 173 个矿种。

6.3.2 可燃冰的应用方法

可燃冰被开采出后，因其温度升高或压力降低而分解成气态。因此，可燃冰可以采用与普通天然气相同的方式运输。目前，天然气大规模运输中使用的管道运输（PNG）、液化天然气（LNG）运输两种方式也都可用于可燃冰采出气的运输。

6.3.2.1 管线输送

可燃冰热值高，对位于内陆区域的可燃冰矿藏开采后，可将它释放出的甲烷气体加压后通过铺设管线并入城市天然气管网，作为居民燃气直接使用。

6.3.2.2 压缩罐装

将开采出来的甲烷气体直接加压储存在高压储罐中，这种压缩的燃气既可以经减压后注入城市天然气管网供居民、企事业使用，也可以作为工业燃料直接使用。这种方式获得的燃气还可以进行长途运输。

6.3.2.3 现场发电

在可燃冰开采区域建设发电厂，将开采出的可燃气体直接用于发电，然后将产生的电能并入国家电网供居民、企事业单位等使用。在远离陆地的海域，若使用可燃气体发电，可使用地下电缆法将发电厂储存的电能并入电网。而在电厂工作过程中，冷却机组会产生大量的高温冷却水，又可将其重新注入矿层促使可燃冰分解，从而达到循环开采可燃冰的作用。

6.3.3 我国可燃冰应用前景

如前所述，可燃冰具有能量密度高、清洁环保、分布区域广、资源规模大、生成环境特殊等特点，有可能代替煤炭、石油、天然气等常规能源成为新型绿色能源，有望成为未来全球能源发展的战略制高点。

在能源种类的划分中，可燃冰是一种非常规天然气矿种。非常规天然气是指由于各种原因在特定时期还不能进行盈利性开采的天然气。因此，对于可燃冰应用前景的分析，既要分析其作为天然气对中国能源消费的贡献度，又要考虑其在非常规天然气中的定位。

由于中国"富煤、少油、贫气"的格局，我国天然气消费一直存在较大的发展空间。根据我国的能源发展规划，2020年我国天然气消费比重力争达到10%，煤炭消费比重降至58%以下。因此，可燃冰作为清洁能源的一种，势必会得到国家政策的支持。

就目前探明的情况看，我国可燃冰的资源潜力巨大，约是我国常规天然气资源量的两倍。在我国在南海、东海等海域以及青藏高原、东北地区的冻土带均发现了可燃冰。据估算，我国海域天然气水合物资源量约为800亿吨（油当量），通过对重点地区的普查，已经圈定11个有利远景区，19个成矿区带。如果技术成熟，中国借助可燃冰的开采可以摆脱对进口原油的依赖。

因此，可燃冰开发对于我国的能源安全及未来发展具有重要的战略意义，推进我国可燃冰的商业化进程也是很有必要的。我国目前已分别在南海海域和青藏高原冻土区钻获天然气水合物实物样品，使得我国成为世界上在中低纬度地区唯一拥有海底和陆上冻土区天然气水合物资源的国家。同时，可燃冰的试采成功还标志着我国实现了可燃冰勘查开发理论、技术、工程、装备的自主创新，实现了历史性突破。

目前我国在试采中已经建立了大气、水体、海底和井下四位一体的环境监测，实现了全过程实时监测和有效控制，并在试采后实施了环境效应评价。结果表明，试采甲烷无泄漏，大气、水体无污染，海底和井下未发生地质灾害，初步证实可燃冰绿色开发可行。今后我国将继续围绕加快推进产业化进程目标，争取试采成果能尽快实现产业化。同时，相关部门将继续加大可燃冰资源的调查力度，为推进产业化奠定资源基础。基于中国可燃冰调查研究和技术储备现状，有关部门预计我国在2030年左右有望实现可燃冰商业化开采。

6.3.4 可燃冰应用的挑战与建议

可燃冰的开采难点整体可以简单地概括为：开采风险很大，开采成本很高。可燃冰勘探与开发是一项系统工程，涉及多门学科。尽管可燃冰应用前景诱人，但是人类至今还是没有找到十分安全、可靠的技术来生产和开发可燃冰。同时，可燃冰的开发成本较高，这也是一个事实。据估算，在目前技术条件下，可燃冰的开发成本约为 200 美元/m^3，折合天然气约为 1 美元/m^3；而常规天然气成本约为 0.14 美元/m^3。

此外，可燃冰勘探和开采技术有别于常规天然气，还应正确评估对其开发利用会产生的生态环境风险，主要包括海底地质变化、温室效应加剧、海洋生物死亡等方面。由于海水与空气同样具有流动范围广的特点，可燃冰开采时泄漏事故一旦发生，涉及范围甚至会超过常规天然气的开采。

尽管可燃冰的开发仍面临种种挑战，但由于可燃冰开发对于我国的能源安全及未来发展具有重要的战略意义，因此还应继续大力推动我国的可燃冰商业化开发，并提出以下一些建议供参考。

① 从国家战略高度，加强可燃冰开发的顶层设计。我国应着手编制可燃冰开发中、长期规划，整合国内分散的研发力量，构建由企业、高校和研究机构组成的研发体系，综合各方力量推进可燃冰商业化开发与研究。此外，由于可燃冰开发投入巨大，政府可为可燃冰商业化开采提供政策、资金方面的支持，帮助鼓励国内企业及科研机构开展研究工作。

② 加大核心技术研究力度，突破可燃冰勘探和开发关键技术。同时，通过科研项目等方式，整合国内企业与科研机构开展可燃冰专项技术攻关。通过自主创新，逐步形成具有完全自主知识产权的成套技术，为实现工业化大规模开采奠定基础。

③ 加强产业链设计，构建可燃冰商业化的完整产业链。我国预计在 2030 年可以实现可燃冰的大规模商业化开采，因此还要注意到在推进实现商业化开采的同时，需要构建完整的产业链。因为任何新型行业的产业都会给相应的中、下游各类企业带来投资机会，只有构建了完整的产业链才能确保其运行既经济又高效。

④ 研发专业化可燃冰开发装备，支撑可燃冰商业化开发。随着我国船舶和海洋工程装备技术的不断发展，我国在可燃冰开发装备方面已经具备一定的基础。但是，在试采过程中采用的装备都是通用海洋工程装备，要想实现商业化开采还必须要有专业化可燃冰开采装备进行配套。建议以试开采装备为基础，支持国内装备制造企业与可燃冰开发研究机构合作，整合双方优势，实现可燃冰勘探开发关键设备的突破。

本章小结

本章在对可燃冰的特性、资源分布、构型特点及理论基础和寻找可燃冰方法进行分析的基础上，对可燃冰的开采方法（加热法、减压法、化学试剂注入法和 CO_2 置换法）进行了归纳与总结，并对可燃冰开采的风险性进行了分析。还对世界各国可燃冰的研究现状进行了讨论，并对可燃冰的开发利用前景进行了展望。

可燃冰资源分布广泛，能量密度高，燃烧后不产生残渣，是 21 世纪极具开发潜力的新能源。减压法是可燃冰开采中最具有前景的方法，但可燃冰开采可能会导致地质灾害、温室效应加剧和生态系统破坏。

第**7**章
• • •

其他形式的新能源

7.1 太阳能

7.1.1 太阳能概述

7.1.1.1 太阳能基本概念

太阳能是指太阳的热辐射能,太阳能也是一种新兴的可再生能源。太阳能的开发与利用,可以为能源短缺和非再生能源的消耗所引起的环境问题提供很好的解决途径。在组成太阳的物质中约 75% 是氢,氢在持续变成氦的聚变反应中,释放出巨大的能量并扩散至太阳的表面,辐射到星际空间。太阳的内部中心温度可达到 $1.5 \times 10^7 K$,发射功率约为 $3.81 \times 10^{26} W$,地球上每年接受太阳的总能量约为 $1.8 \times 10^{18} kW \cdot h$,约为人类每年能源消耗总量的 12000 倍。太阳对地球的辐射主要取决于地球绕太阳的公转与自转、大气层的吸收与反射和气象条件等。太阳光在穿透大气层到达地球表面的过程中,要受到大气中各种成分的吸收及大气和云层的反射,最后以直射光和散射光的形式到达地面。

7.1.1.2 太阳能利用的优势与不足

(1) 太阳能利用的优势

① 能量巨大。照射到地球上的太阳能相当巨大,40min 内照射在地球上的太阳能足以供全球人类一年的能源消耗。假设将到达地球表面 0.1% 的太阳能转化为电能(按转化率 5% 计算),每年的发电量可达 $5.6 \times 10^{12} kW \cdot h$,约相当于目前世界上能源消耗总量的 40 倍。

② 无污染、无公害。太阳能是最洁净的能源之一,这一特点极其宝贵。

③ 分布广。太阳光辐射不受地域的限制,可在用电处就近直接开发和利用,也不需要开采和运输。

④ 持久。根据太阳的寿命和目前太阳产生的核能速率计算,太阳上剩下的氢气燃料还可以维持约 50 亿年。从这个意义上讲,太阳能是取之不尽的。

(2) 太阳能利用的不足

① 能量密度低。太阳能辐射的能量密度小,在利用太阳能时,要想得到一定的转换功率,需要面积相当大的收集和转换装置,造价较高。

② 不稳定性。由于获得的太阳能受到四季、昼夜、地理纬度和海拔高度等的限制以及晴、阴、云、雨等随机因素的影响，到达某一地面的太阳辐射能既是间断的，也是极不稳定的。

③ 效率低和成本高。目前太阳能的利用装置，因为其效率偏低、成本较高，经济性上尚不能与常规能源竞争。

7.1.1.3 太阳能资源分布状况

地球上太阳能资源的分布与各地的纬度、海拔高度、地理状况和气候条件有关。太阳能资源丰度一般以全年总辐射量和全年日照总时数表示。美国西南部、非洲、中东地区、澳大利亚、中国西藏等地区的全年总辐射量或日照总时数最大，为世界太阳能资源最丰富地区。

我国属于太阳能资源丰富地区。太阳能年日照时数在 2200h 以上的地区，约占我国国土面积的 2/3 以上。太阳辐射强度取决于纬度、季节、各地的天气状况等诸多因素，估算太阳能资源时要充分考虑水平辐射、散射辐射以及各个朝向的太阳辐射值。由于我国青藏高原地区海拔高，空气稀薄，太阳辐射强，晴天多，该地区太阳能资源最为丰富。拉萨市素有"日光城"之称，其太阳辐射值与太阳能资源丰富的沙特阿拉伯、阿曼等国家基本持平。

根据国家气象局风能太阳能评估中心标准，我国接收太阳能辐射的地区可以分为四类。①一类地区（资源丰富带）。全年太阳能辐射量很大，为 6700～8370MJ/m²，该类地区主要包括青藏高原、甘肃北部、宁夏北部、新疆南部等。②二类地区（资源较富带）。全年太阳能辐射量较大，为 5400～6700MJ/m²，该类地区主要包括山东、河南、河北东南部、吉林、辽宁等。③三类地区（资源一般带）。全年太阳能辐射量一般为 4200～5400MJ/m²，该类地区主要包括我国南部地区，如浙江、广东等。④四类地区，全年太阳能辐射量很少，为 4200MJ/m² 以下，该类地区主要包括我国四川、贵州两省。

7.1.2 太阳能利用技术

7.1.2.1 太阳光伏电池

（1）分类 太阳光伏电池（简称光伏电池）是以光伏效应为原理，将太阳的光能转换为电能的光电元件。太阳光伏电池的一般分类见图 7-1。

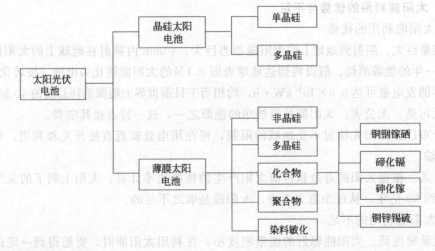

图 7-1 太阳光伏电池的一般分类

① 晶硅太阳电池。晶硅太阳电池主要分为单晶硅太阳电池和多晶硅太阳电池。单晶硅太阳电池是以高纯的单晶硅棒为原料的太阳电池。东方电气张小宾等在 N 型单晶硅太阳电池中采用硼掺杂的关键工艺技术，制成正面效率为 17.0％、背面效率为 14.7％的双面 N 型单晶硅太阳电池，且其综合效率在实验室最高可达到 20.2％。多晶硅太阳电池兼具单晶硅太阳电池的高转换效率和长寿命，并且成本远低于单晶硅太阳电池。但是，多晶硅太阳电池的转换效率一般稍低于单晶硅太阳电池。中国科学院大学等通过对多晶硅太阳电池制造的整线的选择发射极工艺优化，使得多晶硅太阳电池的整体效率提高 0.8％，最高效率达到17.80％，成本下降超过 5％。

② 薄膜太阳电池。薄膜太阳电池是指用单质元素、有机材料或者无机化合物等制作的薄膜为基体材料的太阳电池，主要包括非晶硅薄膜太阳电池、多晶硅薄膜太阳电池、化合物薄膜太阳电池、聚合物薄膜太阳电池以及染料敏化薄膜太阳电池等。

非晶硅薄膜太阳电池是将非晶硅以薄膜形式沉积在载体上形成电池结构，载体通常选用一些耐腐蚀的材料，如陶瓷、玻璃等。它与传统的晶硅太阳电池比较，具有造价低、质量轻、吸光率高等优点。北京邮电大学尹永鑫等通过前段凹槽结构式设计，使得非晶硅薄膜太阳电池对光具有极强太阳能不敏感性的同时，吸光率仍能保持在 60％以上。南京理工大学肖华鹏等通过在铝衬底上制造纳米凹坑来提高非晶硅薄膜太阳电池的吸光率，实验结果表明即使在 120°的入射光范围内，太阳电池的吸光率仍能达到初始效率的 92.4％。

多晶硅薄膜太阳电池具有非晶硅薄膜太阳电池造价低、质量轻等优点，同时也克服了非晶硅薄膜太阳电池光学衰减的问题，具有高转换效率的潜力。兰州交通大学王成龙等在不同的退火温度和退火模式下采用铝诱导晶化法制备多晶硅薄膜太阳电池，发现多晶硅薄膜中铝的掺杂浓度依赖于制备过程中的退火温度和退火模式。宁波大学翟小利通过对不同退火工艺的研究，发现采用快速热处理晶化法退火与常规退火相比缩短了时间，制造的产品也具有常规退火方式的性能。

化合物薄膜太阳电池主要包括铜铟镓硒薄膜太阳电池、碲化镉薄膜太阳电池、砷化镓薄膜太阳电池、铜锌锡硫薄膜太阳电池等。铜铟镓硒薄膜太阳电池具有节省原材料、抗辐射能力强、使用寿命长等优点。浙江大学童君等通过对"三步法"共蒸发制备吸收层铜铟镓硒薄膜工艺进行探索和优化，制备出效率达到 17.67％的小面积太阳电池。碲化镉薄膜太阳电池具有光电转化效率高、材料消耗少、制备过程简单等优点。中国科技大学等运用新型的$CdCl_2$ 蒸气热处理技术来制备碲化镉薄膜太阳电池，可使其转化效率达到 12.4％。砷化镓薄膜太阳电池具有光电转化效率较高、吸收效率理想以及抗辐射能力强等优点。郑州大学等通过对砷化镓吸收层的研究，设计出两种新型的吸收层，以及填充比为 0.675 的单独砷化镓吸收层，效率最高可提高 55.9％。铜锌锡硫薄膜太阳电池具有光电转化效率高、耗材少、无毒、原材料丰富、适合大规模生产等优点。

聚合物薄膜太阳电池具有易加工、质量轻、材料易得、环境污染少等优点。华东理工大学等通过对有机聚合物 PCPDT（EH)-FBT 的研究，运用不同的试验方法，最高可使光电转化效率达到 8.2％。吉林大学等在研究半透明聚合物薄膜太阳电池方面取得了不错的进展。

染料敏化薄膜太阳电池具有制作工艺简单、光电转化效率高和成本低等优点，有很大的发展潜力。北京师范大学等利用多功能层 TiO_2 薄膜增强技术，使染料敏化太阳电池的光电转化效率提升到 5.29％，电流密度达到 $11.7mA/cm^2$。大连工业大学等通过对溶胶-水热法

制备转换 TiO_2/Sm^{3+} 纳米粉体的研究，发现 TiO_2/Sm^{3+} 转换纳米粉体不仅将染料敏化薄膜太阳电池的光电转化效率从 4.04% 提高到 4.99%，并且拓宽电池光谱响应范围，提高了光利用率。

(2) 优点与缺点　太阳光伏电池是一种半导体器件，它受到太阳光照射时能够产生光伏效应，将太阳光能转换成直流电流。在制作太阳电池时，根据需要将不同半导体组件封装成串、并联的方阵，通常需要用蓄电池等作为储能装置，以随时供给负载使用。太阳光伏电池与太阳能光伏发电的优点近似，主要如下：①太阳能用之不竭，太阳能发电安全可靠；②太阳能随处可得，可就近供电，不必长距离输送；③运行成本很低，不易损坏，维护简单，不产生任何废弃物，没有污染等。

太阳能光伏发电也存在一些缺点，主要如下：①发电量与气候条件有关，在晚上或阴雨天时就不能发电或很少发电，通常需要配备储能装置；②在标准测试条件下，地面接收到的太阳辐射强度一般约为 $1kW/m^2$，大规模使用时需要占用较大的面积；③由于各地太阳辐射角度不同，在应用时需要经过复杂的设计计算，其成本也较高，初始投资大，影响了更大规模的推广与应用。

7.1.2.2　太阳能光热技术

太阳能光热技术的基本原理是利用太阳能集热器将太阳光辐射转化为流体中的热能，并将加热流体输送出去加以利用。目前使用最多的太阳能收集装置主要有平板型集热器、真空管集热器、陶瓷太阳能集热器和聚焦集热器等。根据所能达到的温度和用途的不同，可将太阳能光热利用分为低温利用（＜200℃）、中温利用（200～800℃）和高温利用（＞800℃）。目前低温利用主要有太阳能热水器、太阳能干燥器、太阳能蒸馏器、太阳能温室、太阳能空调等；中温利用主要有太阳能灶、太阳能热发电聚光集热装置等；高温利用主要有高温太阳炉等。

(1) 太阳能热水器　其基本原理是将太阳辐射能收集起来，通过与物质的相互作用转换成热能，以供生产和生活之用。太阳能热水器的发展经历了闷晒式、平板式、全玻璃真空管式和热管真空管式四个阶段。第一代闷晒式现已基本淘汰。第二代平板式因抗冻效果差、热损耗大、易积水垢、热效率低、寿命短等问题也已逐渐淘汰。第三代全玻璃真空管式效率高，保温性能好，可抗直径为 25mm 冰雹的袭击，适合于气温为 −25℃ 以上的地区使用，成本适中。但是，真空玻璃管内长期通水加热时有可能出现漏水、结垢等现象。第四代热管真空管式是采用应用于航空航天的先进导热科技，将超级导热管与全玻璃真空集热管相结合，研制开发的新一代太阳能热水器。真空管具有不通水不结垢、抗冻能力强、保温性能好、使用寿命长等特点。目前太阳能热水器已广泛应用于家庭、宾馆、学校、部队、医院等供淋浴、洗漱及其他需用热水的场合或场所。

(2) 太阳能温室　太阳能温室（或称为"人工暖房"）是根据温室效应的原理建造的。太阳短波辐射能通过透明材料（如玻璃或塑料薄膜）使温室内温度提高，温室内温度升高后所发射的长波辐射却被玻璃或塑料薄膜所阻挡，使进入温室的太阳辐射能大于温室向周围环境散失的热量，可使温室内空气、土壤、植物的温度不断升高，从而形成了类似的"温室效应"。

安装太阳能温室后，有时因环境温度太高，特别是夏天常需要人为地放走一部分热量，因此可以通过室内安装储热装置，将热量储存起来。夜间尽管没有太阳辐射，为减少散热，常需要在温室外部加盖保温层。若温室内设有储热装置，夜间可以将白天储存的热量释放出来，以维持温度在植物生长所需的最低温度以上。采用太阳能温室，不仅能缩短各种蔬菜水果的生长期，而且还能保证在寒冷季节仍有新鲜蔬菜、水果等的供应。此外，太阳能温室不但能缩短各种动物的生长期，而且还能提高繁殖率，降低死亡率。因此，太阳能温室已成为我国实现农业、牧业、渔业等现代化发展的重要技术和设施。

（3）太阳能空调　太阳能空调是以太阳能作为制冷能源的空调。利用太阳能制冷通常有两条途径：一是利用光伏技术产生电力，以电力推动常规压缩式制冷机制冷；二是进行光-热转换，即通过集热器收集太阳能，靠消耗太阳能转化来的内能使热量从低温物体向高温物体传递。

随着太阳能制冷空调关键技术的成熟，特别是在太阳能集热器和制冷机方面取得了迅猛发展，太阳能空调技术也得到了快速发展。在世界能源日益紧张的今天，采用更为节能的空调系统是人类的共同要求。采用太阳能空调可以解决这个问题，它基本不用电能，运行费用低，无运动部件，寿命长，无噪声。此外，利用太阳能作为能源的空调系统，其吸引人之处还在于：越是太阳能辐射强烈的时候，环境温度越高，人们也越需要空调，此时太阳能空调的制冷能力则越强。因此，使用太阳能空调时既创造了宜人的室内温度，又能降低大气环境温度，其在节能和环境方面有很大的发展潜力。

7.1.2.3　太阳能其他利用技术

（1）太阳能辅助燃煤发电技术　太阳能与燃煤互补发电的方式是近年来大规模太阳能热利用的发展方向之一。煤炭在我国能源结构中所占比例超过70%，而燃煤火电机组的发电量约占我国总发电量的80%。作为每年消耗全国煤炭总消耗量50%以上的火力发电厂，节能减排任务意义重大。火力发电行业的节能措施主要分为两类：一是通过结构节能，即通过建设高效率、大容量的机组逐步替代原来效率低下的中小机组；二是新能源替代，通过采用某些先进的技术对现有机组进行新能源替代。我国目前火电方面的节能减排问题主要存在于300MW以下的中小火力发电厂中。关闭部分火力发电厂只是解决目前火力发电厂节能减排问题的一种权宜之计。太阳能这一可再生能源作为理想的替代能源之一，可以利用燃煤电厂调整范围大、透平系统效率高的优势，节省单纯太阳能热发电所需的大型蓄热和透平系统，大幅度降低太阳能热发电成本，为火力发电厂的节能减排开辟一种新的途径。因此，研究高效、规模化的中低温太阳能与常规燃料互补发电技术是近中期太阳能热发电的一个重要突破口。

（2）太阳能制氢　利用太阳能制氢是将太阳能转换为氢能的有效方式。氢能是21世纪最具发展潜力的二次洁净能源之一：氢燃烧生成水，水可再经过光解产生氢，以取之不尽的水为原料、以太阳能为初次能源从而构成对环境无污染的能源利用循环闭环系统，具有可持续性。利用太阳能分解水制氢的方法有太阳能热分解水制氢、太阳能发电电解水制氢、阳光催化光解水制氢、太阳能生物制氢等。尽管利用太阳能制氢还有大量的理论问题和工程技术问题待解决，但世界各国都很重视，已投入不少的人力、物力和财力并且取得了多方面进展。可以预见，在不远的将来以太阳能制得的氢将成为人类普遍使用的一种优质、洁净的燃料。

（3）太阳能海水淡化　太阳能海水淡化技术是应用集热技术或将太阳能变成电能，供海水淡化所需的全部或部分能量的制取淡水的方法。随着经济的飞速发展，能源和淡水资源的消耗越来越快，世界上大部分地区已经出现不同程度的淡水不足问题。为了解决这一问题，人们开始研究利用海水来生产淡水即海水淡化，以满足工业生产和人类生活的需要。其中，太阳能海水淡化技术受到了越来越多的关注，因为它与传统的海水淡化技术相比，消耗的传统能源少，产生的环境污染也少。例如，利用太阳能作为淡化海水或苦咸水的能源有时会比利用其他能源更为环保，对于用水量小且偏僻分散的地方来说也较为经济。太阳能海水淡化技术一般可分为直接法和间接法两种：直接法装置简单，但产水能力低；间接法装置较复杂，但产水能力高。当前世界上太阳能海水淡化装置主要是采用直接浅盘型蒸馏法，间接法则以非集光型集热器和多效型蒸馏器组合为好。随着科学技术的发展，如果未来太阳光伏发电成本下降的话，则集光型集热器和多效型蒸馏器组合的间接法可能将会得到更多的应用。总之，利用可再生清洁能源（如太阳能等）实现海水淡化将成为海水淡化技术的重要发展方向，对确保人类社会可持续发展具有重要意义。

（4）太阳能汽车　太阳能汽车是靠太阳能来驱动的汽车，不需要燃烧汽油、柴油及任何燃料，因此是真正的零排放汽车。太阳能汽车是太阳能发电技术在汽车上的具体应用，在太阳光下太阳光伏电池收集阳光并产生直流电流，产生的直流电流一部分输送给发动机带动车轮转动，推动太阳能汽车前进，另一部分通过控制器向蓄电池充电，蓄电池储存的电能可以直接通过控制器输送给发动机以带动汽车运行，也可以在阴雨天或者晚上提供动力。目前太阳能汽车主要有两大制约因素：一是太阳电池板的造价依然较高；二是太阳电池板的转换效率还不高。不过由于太阳能汽车具有节能、环保等特点，世界上许多国家正在大力研制太阳能汽车。

（5）太阳能飞机　太阳能飞机是以太阳辐射作为推进能源的飞机。太阳能飞机的飞行原理是白天太阳电池板收集太阳能，并通过峰值功率跟踪器将一部分能量储存在储能电池中，另一部分则用于需要能量的部件（如舵机、机载设备等）和驱动飞机螺旋桨飞行，晚上飞机则依靠储能电池提供的电量来驱动螺旋桨带动飞机飞行。太阳能飞机是一种以太阳能作为推进能源的航空飞行器，其碳排放量为零，理论上可以实现几乎无限的续航时间和超高空巡航飞行，因而具有很大的军事和民用潜力。例如，当时世界上最大的太阳能飞机"阳光动力2号"，曾于2016年7月完成了人类历史上首次不需要任何燃料，完全依靠太阳能作为动力围绕地球飞行一周的壮举。这是人类航空史上的一个里程碑，对于未来太阳能飞机的发展、清洁能源的广泛使用具有重要意义。

（6）太阳能建筑　太阳能建筑就是通过科技手段将太阳能光热技术和太阳能光电技术与建筑节能技术和节能产品有机结合起来后设计出来的新型建筑。现代建筑设计提倡绿色节能理念，就是以推动建筑节能、节地、节水、节材、环保型建材企业的市场化运用为建设设计标准，以低能耗、低排放为目标进行建筑设计，重点是提高可再生资源的利用率。

太阳能建筑具有节能、减排和环保等特点，应用前景非常广阔。太阳能建筑一体化是全球建筑发展的主流趋势，它并不是将太阳能与建筑简单相加，而是真正使太阳能成为建筑的一部分。在我国，建筑节能已占据节能领域的"半壁江山"，而在建筑能耗中，暖通空调系统和热水系统所占的比例接近60%。太阳能作为无污染且用之不竭的可再生资源，有着普遍、无害、巨大、长久的特点，在建筑节能应用中得到了广泛关注和研究，并已经得到了快速发展。太阳能在建筑中的应用通常包括整体式、平板式、分体式（阳台壁挂）太阳能热水器和太阳能中央热水器、太阳能集热系统、太阳能采暖系统、光热光电一体化等太阳能产品。与常规热水器相比，太阳能热水系统具有明显的节能优势。

太阳能建筑在设计时需要考虑当地的气候特点和建筑形式，尽量使太阳能融入建筑形式之中。另外，所选取的太阳能设备也应尽量符合当地的气候特点和建筑设计要求，以确保所设计的太阳能建筑能够真正发挥节能的效果。总之，随着环境问题的日益凸显和可持续发展的需要，我国政府开始以更积极和强力的姿态介入包括"太阳能建筑"在内的绿色建筑领域，并成为大势所趋。

7.2 海洋能

7.2.1 海洋能概述

7.2.1.1 海洋能及其分类

海洋能是指蕴藏在海洋中的可再生能源，是海水本身含有的动能、势能和热能，主要包括潮汐能、波浪能、海流能、温差能、盐差能等可再生的自然能源。根据联合国教科文组织的估计数据，全世界理论上可再生的海洋能总量为766亿千瓦，技术允许利用率为64亿千瓦。

（1）潮汐能 潮汐能是由潮汐现象产生的能源，它主要与天体引力有关，随地球与日、月位置的变化而变化，包括潮汐和潮流两种运动方式所包含的动能。和一般水力发电相比，潮汐能的能量密度很低，相当于微水头发电的水平。世界上潮差的较大值约为13～15m，我国的最大值（杭州湾澉浦）为8.9m。一般来说，平均潮差在3m以上就有实际应用价值。

（2）波浪能 波浪能是指海洋表面波浪所具有的动能和势能，是海洋能源中能量最不稳定的一种能源。波浪的能量与波高的平方、波浪的运动周期以及迎波面的宽度成正比。根据波浪生成的原因将波浪分为风浪、涌浪和混合浪。风浪是指在风直接作用下产生的水面波动，波形杂乱，波要素无规则变化；涌浪是指风停止后或风已削弱后在海面上留下的波浪，离开风区后自由传播时的涌浪接近于规则波，波形规则，有明显的波峰和波谷。混合浪是指风浪与涌浪叠加而成的波浪，两者叠加后波高增大。

（3）海流能 海流能（又称为海洋潮流能，或简称为潮流能）主要是指海底水道和海峡中较为稳定的流动以及由潮汐导致有规律的海水流动所蕴含的动能。海流能的能量与流速的平方和流量成正比。相对波浪能而言，海流能的变化平稳且有规律：潮流能随潮汐的涨落每天改变大小和方向两次；一般最大流速在2m/s以上的水道，其海流均有实际开发的价值。潮流能的利用方式主要是发电。

（4）温差能 温差能是指海洋表层海水和深层海水之间水温之差的热能。海洋的表面把太阳的辐射能大部分转化为热水并储存在海洋的上层。在另一层面，即在不到1000m的深度，温度接近冰点的大面积低温海水从极地缓慢地流向赤道。因此，许多热带或亚热带海域终年形成20℃以上的垂直海水温差，利用这一温差可以实现热力循环并发电。

（5）盐差能 盐差能是指海水和淡水之间或两种含盐浓度不同的海水之间的化学电位差能。盐差能主要储存在河海交接处，同时淡水丰富地区的盐湖和地下盐矿也可以利用盐差能进行发电。

7.2.1.2 海洋能的特点

海洋能主要具有以下特点：①海洋能在海洋总水体中的总蕴藏量巨大，而单位体积、单位面积、单位长度内蕴藏的能量较小。②海洋能是可再生的。海洋能来源于太阳辐射能和天体之间的万有引力，只要太阳、月球等天体与地球共存，海洋能就可以不断再生。③海洋能有较稳定和不稳定两种类型。较稳定的海洋能有温差能、盐差能和海流能。不稳定海洋能又分为变化有规律与变化无规律两种。其中，潮汐能与潮流能属于不稳定但变化有规律的海洋能。④海洋能属于清洁能源，海洋能的开发对环境的影响很小。

7.2.2　海洋能利用技术

世界各主要海洋国家普遍重视海洋能的开发与利用，潮汐能、波浪能等开发利用技术日趋成熟，规模不断扩大。中国沿岸及毗邻海域的海洋能资源，除了海洋温差能资源主要分布在南海深水海域以外，其他海洋能资源以东南部沿岸海域最多，且能量密度较高，开发利用条件较好。中国海洋能资源的能量密度与世界其他国家相比，温差能和潮流能较高，潮汐能和波浪能较低。我国沿岸和近海及毗邻海域的各类海洋能源理论总储量约为 $6.109 \times 10^{11}\,\mathrm{kW}$，技术可利用量约为 $9.8125 \times 10^{8}\,\mathrm{kW}$，见表 7-1。

⊡ 表 7-1　我国海洋能利用技术情况一览表

能源类型	调查计算范围	理论资源储量/kW	技术可利用量/10^8kW
潮汐能	沿海海湾	1.100×10^8	0.2179
波浪能（沿岸）	沿岸海域	1.285×10^7	0.0386
波浪能（海域）	近海及毗邻海域	5.740×10^{11}	5.7400
潮流能	沿岸海峡、水道	1.395×10^7	0.0419
温差能	近海及毗邻海域	3.662×10^{10}	3.6600
盐差能	主要入海河口海域	1.140×10^8	0.1140
全国海洋能资源储量	—	6.109×10^{11}	9.8125

7.2.2.1　潮汐能利用技术

（1）工作原理　潮汐能主要用于发电，它是利用潮水的涨落产生的水位差所具有的势能来发电的，也就是把海水涨落潮的能量变为机械能，再把机械能变为电能的过程。潮汐发电的主要要求是：潮汐的幅度要大，通常需要在几米以上，同时，海岸的地形应能够储藏大量海水，并容许进行较大规模的土建施工。具体而言，通过储水库，在涨潮时将海水储存在水库内，以势能的形式保存；在落潮时放出海水，利用高、低潮位之间的落差，推动水轮机旋转，带动发电机发电。蓄积的海水落差不大，但流量较大，并且呈间歇性，因此潮汐能发电的水轮机结构要适应蓄积海水低水头、大流量和双流向等特点。

潮汐能发电一般可分为两种：一种是利用潮汐时流动海水所具有的动能驱动水轮机带动发电机发电，称为潮流发电；另一种是在河口、海湾处修筑堤坝形成水库，利用水库与海水之间的水位差蓄积的势能来发电，称为潮位发电。

（2）潮汐能发电的特点　作为海洋能发电的一种方式，潮汐能发电发展最早，规模最大，技术也最为成熟。潮汐能发电站的主要优点是：①能源可靠，可以经久不息地使用；②发电虽然有间歇周期，但具有可预报的规律性，可有计划地被纳入电网进行发电；③电站一般离用电中心近，不必远距离送电；④用于潮汐发电的水库内可发展水产养殖、围垦和旅游，获得综合效益。

潮汐能发电站的主要缺点是：电站造价较高，按照单位千瓦的发电成本计算，高于常规水电站和火电站；发电具有间歇性，这种间歇周期增加了电网调度的难度。

（3）应用现状　人类自 19 世纪中叶就开始利用潮汐能。目前世界上适于建设潮汐能发电站的很多国家和地区都在研究和建设潮汐能发电站。预计到 2030 年，世界潮汐能发电站的年发电总量将达到 $600 \times 10^8 kW \cdot h$。

2011 年 8 月，韩国始华湖潮汐能发电站正式开始运行。该电站占地面积约为 14 万平方米，是当今世界上规模最大的潮汐能发电站。其装机容量为 25.4 万千瓦，年发电量达 5.527 亿千瓦·时，可供 50 万人口的城市使用。

法国朗斯潮汐能发电站于 1966 年建成投产，是世界上最早建成的潮汐发电站之一，也曾是世界上最大的潮汐发电站。该电站自投产以来，库区未出现淤积，机组运行良好，为世界开发大型潮汐能源提供了宝贵经验。朗斯潮汐能发电站长 750m，坝内安装有直径为 5.35m 的可逆水轮机 24 台，每台功率为 1 万千瓦，总装机容量为 240MW。

我国是世界上建造潮汐能发电站数量最多的国家。江厦潮汐能发电站是我国目前最大的潮汐能发电站，属于单库双向型潮汐能发电站。该电站位于浙江省温岭县乐清湾北端江厦港，该海域潮汐属半日潮，平均潮差 5.08m，最大潮差 8.39m。自 1985 年底竣工以来，该电站目前共安装 6 台双向贯流式水轮发电机组，总装机容量约为 $3.90 \times 10^3 kW$，年发电量约为 $7.20 \times 10^6 kW \cdot h$，已累计完成发电量 2 亿多千瓦·时，对我国发展海洋能源的经验积累具有重要意义，也为当地的经济低碳化发展作出了贡献。

7.2.2.2　波浪能利用技术

（1）工作原理及资源分布　波浪能的基本原理是利用物体在波浪作用下的升沉和摇摆运动将波浪能转换为机械能，或者利用波浪的沿岸爬升将波浪能转换成水的势能等，进而把机械能或势能转换为电能。波浪能转换系统一般由三级能量转换机构组成。其中，一级能量转换机构将波浪能转换成某个载体的机械能；二级能量转换机构将一级能量转换所得到的能量转换成旋转机械的机械能；三级能量转换机构通过发电机将旋转机械的机械能转换成电能。

海洋波浪能是一种动能形态的海洋能，具有分布广泛、能流密度大的特点。全球波浪能的总储量约为 25 亿～30 亿千瓦，开发前景巨大。我国近海离岸 20km 一带的波浪能潜在量约为 $1.60 \times 10^7 kW$，技术可开发装机容量约为 $1.47 \times 10^7 kW$。

我国的波浪能资源分布极不均匀，南方沿岸所蕴含的能量比北方高，外海潜在装机容量比大陆沿岸高。此外，我国外围岛屿附近海域装机容量比沿岸岛屿附近海域潜在装机容量高。我国波浪能资源较为丰富的区域有浙江南部、福建北部以及广东西南部，资源丰富区有福建南部、广东东北部、海南西南部以及台湾地区大部分沿岸海域。

（2）研究应用现状　目前使用的波浪能发电能量转换方式有气动式、液动式、储水式、压电式等多种，主要内容如下。

① 气动式波浪能发电。该技术是利用波浪的起伏力量，将波浪能转换成气流能，以推动空气涡轮机发电。1979 年，日本建成装机容量为 2000kW 的气动式海上波浪能发电站。

② 液动式波浪能发电。该技术是将波浪能转换成液压能，再通过液压电机发电。1985 年，英国人索尔特发明"点头鸭"式波浪发电装置，其吸收波浪能效率可达 $80\% \sim 90\%$。1995 年，日本成功研制并建成液动式波浪能发电站，输出功率为 2000kW。

③ 储水式波浪能发电。该技术是利用气泵原理，使被升高的波浪涌进岸边高处的储水池，再用储水池的水头推动水轮发电机发电。

④ 压电式波浪能发电。该技术是将压电聚合物安装在海面上一个巨大的浮体与铁锚之

间，铁锚用于固定浮体，防止浮体被海浪冲走。当浮体随海浪上下浮动时，压电聚合物不停地被拉伸和放松，从而产生一种低频高压电，再通过电子元件，将这种低频高压电转换成高压电流，通过水下电缆将电流输送到岸上。

随着技术的进步，波浪能利用技术得到了迅速发展。表7-2列出了一些世界上产业化前景较好的波浪能发电技术。目前在很多发达国家中，海洋能资源的利用都在向大规模并网方向发展，并且在很多领域内产业化已经初具规模。

⊡ 表7-2　世界上产业化前景较好的波浪能发电技术

分类	国家	电站/技术名称	单机功率	产业化前景
摆体式	英国	"海蛇"波能装置	750kW	好
	挪威	FO³波能装置	2500kW	较好
	英国	阿基米德波浪摆	2000kW	较好
	英国	"牡蛎"波能装置	1000kW	较好
	丹麦	"波浪之星"波能装置	3000kW	较好
	美国	PowerBuoy波能浮标	150kW	好
越浪式	丹麦	波龙公司离岸海波能装置	750kW	较好
振荡水柱式	英国	LIMPET岸基波浪装置	500kW	好
	英国	"鱼鹰"浪波发电装置	2000kW	好
	英国	MRC1000	1000kW	较好
	澳大利亚	肯布拉港波能电站	500kW	较好
	挪威	克瓦纳布鲁格波能电站	500kW	较好

我国波浪能利用技术具有起步晚、发展速度快、开发规模较小的特点。2011年，中国科学院广州能源研究所研制的点吸收式直线发电试验装置在珠海市大万山岛海域开始运行。它的装机容量是10kW，在波浪作用下，与水下阻尼板固定连接的直线电机动子和与振荡浮子固定连接的直线电机定子产生相对运动而发电。2013年，该所研制的100kW鸭式波浪能发电装置在珠海市成功发电。

7.2.2.3　海流能利用技术

（1）工作原理及资源分布　海流能是由潮汐涨落引起的海水流动产生的能量。一旦技术成熟，海流能开发将具有很大的潜在效益。海流能的利用原理与方式和水力发电、风力发电相似，几乎任何风力发电装置都可以被改造为海流能发电装置。海流能发电主要具有如下优势：①与陆地河流发电技术相比，不受枯水季节的影响，水量和流速常年不变，非常可靠。②与传统的火电、水电相比，海流能的开发不排放任何污染物，同时，海流能的能量密度较高，约为风能的4倍，太阳能的30倍。③与潮汐能相比，海流能开发不需要拦海筑坝，也不需要占用耕地、安置移民等，对海运、海洋生物影响较小，通常还不需要占用海岸线。由于海流能发电时必须置于水下，还存在一些关键的技术问题，如海洋环境中的安装、维护、电力输送和防腐等。

地球上海洋分布广泛，海洋能储量大，能开发的海流能大部分分布在近海沿岸，特别是一些海峡、海湾地区。根据联合国教科文组织估算，世界上可开发的海流能总蕴藏量约为3.0×10^8kW；根据欧盟委员会估算，欧洲可利用的海流能总蕴藏量约为12.5GW。

我国海域广阔，可开发的海流能储量相当可观，理论总蕴藏量约为14GW。其中，东北和东南沿岸分布最多，大约占我国总蕴藏量的78.6%，有代表性的地区是浙江、福建和山东。例如，有名的杭州湾、舟山金塘水道、舟山龟山航道、舟山西堠门水道、山东北隍城北侧等。特别是舟山群岛多处的海流速度都常年达到 4m/s 以上，具备建设大型海洋能开发基地的潜质。

（2）研究与应用现状 海流能发电技术是近些年来发展迅速的新技术。海流能发电装置的关键技术是海流能获取装置，其主要组成可概括为：海流能捕获装置、轴系连接装置、能量转换装置、控制器和支撑装置等。海流能发电设备的主要参数有：额定功率、额定流速、获能系数等。

人类对潮流现象的观察、认识由来已久。但是，基于各种原因，直到 20 世纪 70 年代，人类才开始研究海流能的利用问题。美国是世界上最早开展海流能发电的国家之一，于 1973 年选址于佛罗里达海域，利用一段相当长的导流管提升海流的速度，机组置于离海平面 30m 的水域。当流速约为 2.3m/s 时，其发电量为 83MW，从此国外海流能发电进入快速发展阶段。近年来世界各国开始重视海流能发电的研究与开发问题。在海流能发电研究领域，英国、挪威、美国、法国等国家的技术发展非常迅速，无论是在商业化、装机容量以及发电规模方面，还是在基础研究等领域均处于领先地位。

我国也是最早开始对海流能进行发电研究的国家之一。20 世纪 50 年代末广东顺德县的海流能发电实验机组，由两台发电机组成，水轮机直径为 0.6m，在海流流速为 1m/s 的工况下就能带动发电机发电。当前我国已有数所高校从事海流能发电的研究，技术各具特色。例如，哈尔滨工程大学设计的"万向"能完成 70kW 的海流能发电；中国海洋大学设计的柔性水轮机，可通过叶片自身形变获得最大功率，在流速为 1.7m/s 时可发电 3.2kW。2019 年 9 月，由我国哈尔滨电气集团有限公司承担的"600kW 海底式潮流发电机组"在浙江舟山附近海域开展海试。经现场示范运行和结果显示，该机组单机容量为 600kW，水电能量转换效率达 37%，启动流速仅为 0.51m/s。该机组的成功制造，对解决偏远海岛的能源供应、海洋水下监测仪器供电等问题以及海流能的市场化应用具有重大意义。

7.2.2.4 温差能利用技术

（1）工作原理及资源分布 海洋温差发电技术是利用海水的温差，用热机组成热力循环系统进行发电的技术。该技术可以利用海洋表层温水与底层冷水间的温度差，也可利用海底地热、发电站的高温废水等热源与其他冷源形成的温差。

合理地开发利用海洋温差能，可以有效解决我国南海海域常住岛屿居民的生活和生产问题，对于海洋开发、海防建设意义重大。据初步估算，我国南海温差能资源理论储藏量约为 $1.19 \times 10^9 \sim 1.33 \times 10^{19}$ kJ；仅我国南海蕴藏的温差能，每年就能发电 5 亿千瓦·时。

从海洋温差能分布和来源来看，太阳能的作用与其密切相关，海洋温差能资源丰富的地区同样有着丰富的太阳能资源。将太阳能与海洋温差能联合利用，组成新的热力循环系统，可以提高循环系统的实用性，是提高海洋温差发电系统效率的有效措施。因此，引入新的热源以提升海洋温差能的温差，是研究海洋温差能的关键。

（2）研究进展 温差发电的概念是在 1881 年由法国生物物理学家德·阿松瓦尔提出的。1926 年，法国科学家克劳德在分别装在两个烧瓶里的 28℃温水与冰块之间实现了温差能和电能的转换，并于 1929 年在古巴建成了一座输出功率为 22kW 的海水温差发电试验装置，证明了海水温差发电这种发电方式的可行性。1965 年，美国的安德森父子提出一种以对管道没有腐蚀、低沸点的丙烷为工质的发电技术。该技术是用丙烷代替海水，使其反复蒸发、膨胀、冷凝，从而进一步发展了温差能发电技术。

1993 年，美国开始尝试研究海洋温差能的综合利用方式，在夏威夷建成了 210kW 开式循环系统，输出功率为 40～50kW。2011 年 4 月，由美国洛克希德·马丁公司建造的位于夏威夷州柯纳的 40kW 海洋温差能实验电厂开始投入运营。

我国从 20 世纪 80 年代初，由中国科学院广州能源研究所、中国海洋大学和天津国家海洋局海洋技术中心等研究机构开始对海洋温差能发电技术进行研究。例如，广州能源研究所于 1986 年研制完成开式温差能转换实验模拟装置；1989 年又完成雾滴提升循环实验研究。2012 年 5 月，国家海洋局第一海洋研究所 15kW 温差能发电装置投入运行，成为继美国和日本之后，第三个实现海洋温差能发电的国家。我国科研人员还提出引入新热源以增加海洋温差能系统温差，从而提升海洋温差能系统效能的想法。

目前世界各国的海洋温差能发电研究主要集中在：①如何提高系统循环热效率，改进热力循环，强化传热传质技术，在最匹配条件下工作时尽可能提高效率；②如何降低由海水泵引起的系统自身能耗（发电系统能耗的主要来源是海水泵）；③如何控制换热系统的经济成本（如换热器价格昂贵，约占经济成本的 40%），提高换热设备效率；④如何实现海洋温差能的综合利用，并进一步加强对高效工质的研究。

由于温差能发电技术独特的优势，其作为一种绿色环保的发电方式，未来将会更好地发挥在低品位能源利用方面的优势。

7.2.2.5 盐差能利用技术

(1) 工作原理　海洋盐差能是在两种含盐浓度不同的海水之间或海水和淡水之间存在的化学能，其主要存在于海河交界处。盐差能的利用方式主要是发电，其基本方式是将不同盐浓度海水之间的化学电位差能转换为水的势能，再利用水轮机进行发电。盐差能的主要利用途径有三种：渗透压能法、蒸汽压能法和反电渗析法。

① 渗透压能法。渗透压能法是利用淡水与海水之间的渗透压力差为动力，推动水轮机发电的方法，其核心是渗透膜。渗透压能法发电站通常建在河流的入海口，也可以建在任何一个淡水和咸水资源共存的地区，甚至是在某些淡水和咸水丰富地区的地下。这种发电方法的缺点是：发电成本高、设备投资大、能量转化效率低和能量密度小，并且为了延长渗透膜的使用年限，还必须不断切换渗透膜的正、负极位置。

② 蒸汽压能法。蒸汽压能法是利用淡水与海水之间的蒸汽压差为动力，推动风力发电机进行发电。蒸汽压能法最大的优点是不需要使用任何膜，水自身就可以起到渗透的作用，因此不存在膜功能的退化、膜价格昂贵等问题。但是，采用蒸汽压能法的装置庞大，费用昂贵，使得蒸汽压能法无法和反电渗析法及渗透压能法相竞争。

③ 反电渗析法。反电渗析法是利用阴、阳离子渗透膜将浓、淡盐水隔开，利用阴、阳离子的定向渗透在整个溶液中产生的电流进行发电的方法，它是盐差能发电技术中最有前途的一种。反电渗析法具体过程如下。反电渗析器的进料液分别为淡水和盐水，选用的分隔膜为离子交换膜。在离子交换膜的两侧溶液浓度不同，盐水中的离子要透过离子交换膜向淡水迁移，这样在膜的两侧会产生电势差。当整个回路中接入外部负载时，电子通过外部电路从阳极传到阴极形成电流，从而产生电能。反电渗析技术产生电能的过程是通过地球上不断的水循环过程来实现的。虽然采用反电渗析法成本较高，但它具有对环境零排放、零污染、储存范围广、能量密度高、工作时间久等优点。此外，由于膜材料制备技术的发展，近年来反电渗析技术得到了较快发展。

(2) 盐差能研究进展　对盐差能发电技术的研究，目前处于领先地位的国家是挪威。此外，为了缓解能源紧张局势，美国、以色列、瑞典、日本等国家也先后开展了对盐差能发电技术的研究。

20 世纪 60 年代，美国的 Sidney Leopold 制作完成了世界上第一台盐差能发电装置，该装置利用半渗透薄膜将盐水和淡水分开，在渗透压的作用下淡水会向盐水侧渗透，使得盐水侧的溶液量增加，压力升高，从而可以利用体积增大的混合盐水推动涡轮机旋转来产生电能。1997 年，挪威的两位工程师 Southon 和 Holt 采用渗透压能法来利用盐差能，制作完成了与 Sidney Leopold 相类似的实验装置，并对半渗透薄膜进行了改进，得到与预期值相差不大的实验结果，并证明了影响渗透压能法电能输出的关键是半透膜组件的选择。

2009 年，世界上第一个盐差能发电站由挪威 Statkraft 公司建成并投入使用，该发电站发出的电量可以满足一座小城镇的照明和取暖需求。该公司对于盐差能发电技术的研究将主要集中在膜组件技术的研究、压力交换器的研发和能量转换装置的研究等方面。2011 年 5 月，美国斯坦福大学研发出盐差能新型电池技术。2014 年 11 月，荷兰第一座盐差能试验电厂投产并发电。该电厂装有 $400m^2$ 半渗透膜，每平方米半渗透膜的发电功率为 $1.3W$。

我国从 1979 年开始对盐差能发电进行研究。1985 年，当时的西安冶金建筑学院（现已更名为西安建筑科技大学）研制成功了干涸盐湖浓差发电装置。进入 21 世纪 80 年代后，国内对盐差能发电技术研究较少，主要原因是对盐差能发电技术的认识还不够全面，研究总体还处于实验室试验水平。随着能源需求的日益迫切，以及各国政府和科研机构的重视，对于盐差能发电技术的研究将越来越深入，我国盐差能的开发利用也将迎来更新的局面。

7.3 地热能

7.3.1 地热能概述

7.3.1.1 地热能及其类型

（1）地热能 地热能是指地球内部所蕴含的通过火山爆发、地震、温泉喷泉等形式不断向地表传送的天然能量，这种能量来自地球的熔融岩浆和放射性物质的衰变，并以热力形式存在，是导致火山爆发及地震的能量。地热能可分为深层地热能和浅层地热能。深层地热能来源于地球深层，是地球内部的高温熔岩向地表涌流的结果，温度越高，品位越高；而浅层地热能则是因为地球内部和地球表面之间的热平衡而形成的相对稳定的恒温层中所含有的热能，蕴藏于地球浅层，温度接近常温，广泛存在于地下土壤、地下水以及江河湖海等地表水中。浅层地热能品位低，但其具有储量大、持续稳定和环保等特点。

通过火山爆发、岩层的热传导、温泉及载热地下水的运动等途径，地热能被源源不断地送向地表。地热能相对于传统的化石能源具有较大的环保优势，其发电利用系数可达 74% 以上，是太阳能（14%）的 5.2 倍、风能（21%）的 3.5 倍和生物质能（52%）的 1.42 倍，不受季节、昼夜变化的影响且系统运行稳定，具有长期开发利用的潜力。地热能和地热资源具有储量大、分布广、清洁环保、稳定性好、利用系数高等特点。例如，据估算在我国能源消费结构中，地热资源利用率每提高 1 个百分比，相当于替代标准煤 3750 万吨，减排二氧化碳 9400 万吨、二氧化硫约 90 万吨。由于对于未来能源供应与节能减排的巨大潜力，地热能受到了世界各国的高度重视。

（2）地热资源类型　地热资源是指能够经济地被人类所利用的地球内部的地热能、地热流体及其他有用组分。目前可利用的地热资源主要包括：天然出露的温泉、通过热泵技术开采利用的浅层地热能、通过人工钻井直接开采利用的地热流体以及干热岩体中的地热资源等。地热资源有多种划分方法，一般可按照温度、地质环境和热量的传递方式、地下埋藏深度、赋存状态等将地热资源划分为以下不同的类型。

① 按照温度，可分为高温（≥150℃）、中温（＜150℃且≥90℃）和低温（＜90℃）三类。高温地热资源主要出现在地质活动性强的各大板块边界，如板块开裂部分、板块的碰撞带等。例如，冰岛地热田、日本和新西兰的地热田以及我国西藏羊八井地热田都属于高温地热资源。中、低温地热资源则分布在板块内部，如活动断裂带、断陷谷和坳陷盆地地区。

② 按照地质环境和热量的传递方式，可分为对流型地热系统和传导型地热系统两大类。前者也可分为有岩浆热源的水热对流系统和深循环水热对流系统两类。

③ 按照地下埋藏深度，可分为埋藏深度在 200m 以上的深层地热资源和埋藏深度在 200m 以下的浅层地热资源。例如，云南的腾冲地热田、我国西藏那曲地热田等，都属于浅层地热资源。

④ 按照赋存形态，可分为水热型地热资源和热干岩型地热资源。水热型地热资源包括干蒸汽型地热田、湿蒸汽型地热田和热水型地热田。干蒸汽型地热田热焓高，温度＞150℃，发电效率高，如美国的盖塞尔斯地热田、意大利的拉得瑞罗地热田、日本的松川地热田等。湿蒸汽型地热田以热水为主（水占 70%～90%），其余为蒸汽，温度＞50℃，如新西兰的怀拉基地热田、冰岛的雷克雅未克地热田、日本的大岳地热田，以及我国西藏羊八井地热田、云南腾冲地热田和我国台湾大屯地热田等。热水型地热田热流体仅为单相的热水，这类地热田在我国分布很广，如北京、天津、东南沿海等地区都有。

热干岩型地热资源地热田的特点是热储量大，通常埋深为 3～5km。人们可以利用热干岩型地热资源进行发电。该技术主要是通过在钻孔中以加压的方式，将水注入 3000～5000m 深的高温岩体中，这些水被加热呈沸腾状态并通过裂隙从附近另外一处钻孔中喷出地面，喷出的热水被注入一个热交换器中，将其他沸点较低的液体加热，用生成的气体驱动蒸汽涡轮机进行发电。同时，冷却后的水还可以进一步被提取热能后，再次注入钻孔中循环利用。

7.3.1.2　地热资源的分布

（1）全球地热分布　全球地热能主要集中分布在构造板块边缘一带，该区域也是火山和地震多发区。假如热量提取的速度不超过热量补充的速度，那么地热能便是可再生的。地热能在世界很多地区的应用相当广泛。据粗略估计，每年从地球内部传到地面的热能相当于 100PW·h，储存于地球内部的总热量约为全球煤炭总储量的 1.7 亿倍。

全球高温地热资源的分布具有明显的不均一性，基本上沿大地构造板块边缘的狭窄地带展布，延伸可达几千千米，形成了著名的环球地热带（表 7-3），即环太平洋地热带、地中海-喜马拉雅地热带、红海-亚丁湾-东非裂谷地热带和大西洋中脊地热带。

⊡ 表7-3　全球著名的环球地热带特征

地热带名称		位置	类型	热储温度/℃	典型地热田及温度
环太平洋地热带	东太平洋中脊地热亚带	位于太平洋板块与南极板块和北美板块边界	洋中脊型	288～388	美国：盖塞尔斯（288℃）、索尔顿湖（360℃）；墨西哥：塞罗普列托（388℃）
	西太平洋岛弧地热亚带	位于太平洋板块与欧亚板块及印度洋板块边界	岛弧型	150～296	中国台湾：大屯（293℃）；日本：松川（250℃）、大岳（206℃）；菲律宾：蒂威（154℃）；印度尼西亚：卡瓦卡莫将（150～200℃）；新西兰：怀拉开（266℃）、卡韦劳（285℃）
	东南太平洋缝合线地热亚带	位于太平洋板块与南美板块边界	缝合线型	＞200	智利：埃尔塔蒂奥（221℃）
地中海-喜马拉雅地热带		位于欧亚板块、非洲板块与印度洋板块碰撞的拼合边界	缝合线型	150～200	中国：羊八井（230℃）、羊易、腾冲；意大利：拉德瑞罗（245℃）；土耳其：克泽尔代尔（200℃）；印度：普加
大西洋中脊地热带		位于美洲板块与欧亚板块、非洲板块边界	洋中脊型	200～250	冰岛：亨伊尔（230℃）、雷克雅内斯（286℃）、纳马菲雅尔（280℃）
红海-亚丁湾-东非裂谷地热带		位于阿拉伯板块（次级板块）与非洲板块边界	洋中脊型	＞200	埃塞俄比亚：达洛尔（＞200℃）；肯尼亚：奥尔卡里亚（287℃）

① 环太平洋地热带。该地热带位于世界最大的太平洋板块与美洲板块、欧亚板块、印度洋板块的碰撞边界。以显著的高热流、年轻的造山运动和活火山活动为特征，可分为东太平洋中脊、西太平洋岛弧、东南太平洋缝合线3个地热亚带；分布范围包括阿留申群岛、勘察加半岛、千岛群岛以及日本、菲律宾、印度尼西亚、新西兰、智利、墨西哥以及美国西部等国家和地区。目前世界上已经开发利用的高温地热田多集中于该带，热储温度一般在250～300℃。

② 地中海-喜马拉雅地热带。该地热带位于欧亚板块、非洲板块及印度洋板块等大陆板块碰撞的接合地带，西起意大利，向东经土耳其、巴基斯坦进入我国西藏阿里地区，然后向东经雅鲁藏布江流域至怒江而后折向东南，至云南的腾冲。该带以年轻造山运动、现代火山作用、岩浆侵入以及高热流等为特征，热储温度一般为150～200℃。

③ 红海-亚丁湾-东非裂谷地热带。该地热带沿洋中脊扩张带及大陆裂谷系展布，位于阿拉伯板块与非洲板块的边界，以高热流、现代火山作用以及断裂活动为特征。分布范围自亚丁湾向北至红海，向南与东非大裂谷连接，包括吉布提、埃塞俄比亚、肯尼亚等国家的地热田，热储温度通常都在200℃以上。

④ 大西洋中脊地热带。该地热带为大西洋中脊扩张带的一个巨型环球地热带，位于美洲板块、欧亚板块、非洲板块等板块的边界，主要有冰岛的克拉弗拉、纳马菲亚尔和雷克雅未克等高温地热田。地热带在陆上的主体部分，其热储温度多在200℃以上。

中、低温地热资源一般广泛分布于板块内部，远离板块边界的板内广大地区，构造活动性减弱或为稳定块体，热背景正常至偏低，水热活动随之减弱。通常形成中低温地热资源。板内地热带主要包括板块内部皱褶山系、山间盆地等构成的地壳隆起区和以中新生代沉积盆地为主的沉降区内发育的中低温地热带。

（2）我国地热分布　我国地热资源比较丰富，在全球 5km 以内的地热资源总量中，约有 1/6 分布在我国。我国地热资源主要分布于构造活动带和大型沉积盆地中，主要类型为隆起山地对流型和沉积盆地传导型。隆起山地对流型地热资源主要有分布于藏南-川西-滇西和台湾地区的高温地热资源，以及分布于东南沿海地区和胶东、辽东半岛的中、低温地热资源。沉积盆地传导型中、低温地热资源主要分布于华北平原、汾渭盆地、松辽平原、淮河盆地、苏北盆地、江汉盆地、四川盆地、银川平原、河套平原、准噶尔盆地等地区。

我国高温地热田主要集中分布在两个地区：藏南-川西-滇西地区；台湾地区。其中，藏南-川西-滇西地热带为全球性的地中海-喜马拉雅地热带的东支，其区域背景热流值在 $80\sim100\text{mW/m}^2$ 之间，最高可达 364mW/m^2。我国台湾地区地热带位于太平洋板块与欧亚板块的边界，为西太平洋岛弧型地热亚带的一部分，岛上地壳活动活跃，第四纪火山活动强烈，地震频繁，是中国东南部海岛地热活动最强烈的地带。

我国中低温地热资源广布于板块内部的大陆地壳隆起区和地壳沉降区。其中，地壳隆起区发育有不同地质时期形成的断裂带，经多期活动，它们多数可成为地下水运动和上升的良好通道。大气降水渗入地壳深部经深循环在正常地温梯度下加热后，沿活动性断裂带涌出地表形成温泉。东南沿海地热带是地壳隆起区温泉最密集的地带，主要包括江西东部、湖南南部、福建、广东及海南等地。

我国高温地热田很少，中、低温地热田较多。据不完全统计：温度在 $90\sim150\text{℃}$ 的中温地热田为 26 处，占地热田勘查总数的 3.5%；90℃ 以下的低温地热田为 708 处，占地热田勘查总数的 96%。全国已勘查地热田的平均温度约为 55.5℃，各省（区、市）地热田的平均温度以西藏地区为最高，达 88.6℃；湖南为最低，为 37.7℃。

我国温泉几乎遍布全国各地，多数属于中、低温地热温泉，主要分布在福建、广东、湖南、湖北、山东、辽宁等地。目前中国已发现的水温在 25℃ 以上的热水点达 4000 多处，分布广泛。其中，80℃ 以上的地热点有 600 多处。全国温泉年放热量约为 $1.32\times10^{17}\text{J}$，相当于燃烧 $4.52\times10^6\text{t}$（标准煤）产生的热量。

总之，我国还将加速开发、利用地热能资源，预计到 2021 年年底，地热能开发年利用量至少要达到 $5\times10^7\text{t}$（标准煤）。

7.3.2　地热能的利用

目前地热资源的开发利用主要有三个方面：地热发电、地热直接利用和浅层地温能开发。

（1）地热发电　地热发电是地热利用的最重要方式，是将地热能转化为机械能再转化为电能的过程。地热发电一般不需要燃料，发电成本较低且发电稳定，不受天气、气候影响，对环境污染少。

地热发电和火力发电的原理是一样的。地热发电技术与燃煤电站技术的区别主要是采用了不同的热源，用地热能代替锅炉，减少因化石能源燃烧产生的 CO_2、SO_x 和粉尘造成的环境污染。但是，由于地球的结构复杂，地热田情况各异，在开发前必须先摸清地热田的热储构造、类型、储量、钻探深度等。在发电系统生产运行后，还应考虑地热井的科学管理、自动检测、废水处理、可持续开发以及结垢与腐蚀的解决等。要利用地下热能，首先需要有

"载热体"把地下的热能带到地面之上。能够被地热电站利用的载热体，主要是地下的天然蒸汽和热水。按照载热体类型、温度、压力和其他特性的不同，可把地热发电的方式划分为蒸汽型地热发电和热水型地热发电两大类。

① 蒸汽型地热发电。蒸汽型地热发电是把蒸汽田中的干蒸汽直接引入汽轮发电机组发电，但在引入发电机组前应把蒸汽中所含的岩屑和水滴分离出去。这种发电方式最为简单，但干蒸汽地热资源十分有限，且多存于较深的地层，开采技术难度大，故其发展受到限制。蒸汽型地热发电系统主要有背压式和凝汽式两种发电系统。

② 热水型地热发电。热水型地热发电是地热发电的主要方式。热水型地热电站通常有闪蒸系统和双循环系统两种循环系统。

a. 闪蒸系统。当高压热水从热水井中抽至地面时压力降低，部分热水会沸腾并"闪蒸"成蒸汽，蒸汽送至汽轮机做功；而分离后的热水可继续得到利用并排出，当然最好是再回注入地层。

b. 双循环系统。地热水首先流经热交换器，将地热能传给另一种低沸点的工作流体，使之沸腾并产生蒸气；蒸气进入汽轮机做功后进入凝汽器，再通过热交换器完成发电循环；地热水则从热交换器回注入地层。

地热发电一般限于高温地热田，一般在 150℃ 以上，最高可达 280℃。而我国地热资源的特点之一是，除西藏、云南、台湾地区外，多为 100℃ 以下的中、低温地下热水。20 世纪 80 年代初在西藏羊八井兴建了我国第一座地热电站，装机容量为 25.15MW，约占拉萨电网总装机容量的 41.5%，在冬季枯水季节，地热发电约占拉萨电网的 60.0%，成为当地主力电网之一。西藏朗久电站和那曲电站是我国兴建的第二座和第三座地热发电站，其装机容量分别为 2.0MW 及 1.0MW。目前我国地热发电装机容量已超过 32MW。此外，各地还积极落实中、低温地热资源进行发电，在具体实施时主要有两个关键因素需要突破：一是发电所需地热水温度应在 75℃ 以上；二是要有实施大排量抽提、回注的储层条件。

（2）地热直接利用　地热直接利用主要包括地热供暖、温泉与医疗和旅游休闲、农业生产、工业生产等领域。

① 地热供暖。地热供暖是将地热能直接用于采暖、供热和供热水，是仅次于地热发电的利用方式。冰岛地热采暖开发利用得最好，该国早在 1928 年就在首都雷克雅未克建成了世界上第一套地热供热系统。目前这一供热系统已发展得很完善，每小时可从地下抽取约8000t、温度为 80℃ 的热水，供全市居民使用。因此，该国首都被誉为"世界上最清洁无烟的城市"。此外，近年来越来越多的国家开始重视利用地热供暖，如美国、法国、新西兰等。同时，我国的地热采暖发展也很快，特别是在北京、天津等地区，地热采暖已成为地热利用的普遍方式。

② 温泉与医疗和旅游休闲。由于地热水从很深的地下提取到地面，常含有一些特殊的化学元素，这些地热水具有一定的医疗和保健作用，常被作为医疗矿水资源。如果经常用地热水洗浴，对关节炎、神经衰弱、皮肤病等有一定的治疗效果。因此，依托地热水资源这一特有的医疗和保健方面的优势，在地下热水出露地区可以建立疗养院或矿泉理疗机构。其中，还有一些地热水，因其来源于深部未受污染并含有锂、锶、溴、碘、锌、硒等微量元素，可作为饮用天然矿泉水被开发和利用。在我国有不少既有医疗矿水资源，又有温泉旅游资源的地区，已成为著名的矿泉旅游疗养胜地，如广东从化、北京小汤山、云南腾冲、内蒙古自治区阿尔山等地。

③ 农业生产。人们已将地热资源广泛应用于农业生产方面。例如，利用温度适宜的地热水灌溉农田，可使农作物早熟、增产。各地还利用地热大力发展养殖业，如：培养菌种，养殖非洲鲫鱼、罗非鱼、罗氏沼虾等；利用地热水养鱼，在28℃水温下可加速鱼的育肥，提高鱼的出产率。此外，可以利用地热建造温室，北京、天津、西藏和云南等地都建有面积大小不等的地热温室，可用来育秧、种菜和养花。利用地热，还可以提高沼气池温度，提高沼气的产量等。总之，地热能在我国农业生产方面的应用日益广泛。

④ 工业生产。我国有些地区的地热水中含有大量的盐类（如氯化钠、氯化钾等）和许多贵重的稀有元素、放射性元素、稀有气体和化合物，如碘、溴、硼、钾、氦、重水等，这些盐类和元素是国防工业、化学工业等不可缺少的原料。此外，利用地热向工厂供热，可作为干燥谷物和食品的热源，用于硅藻土生产、木材生产以及造纸、制革、纺织、酿酒、制糖等生产过程的热源也是很有前途的。目前世界上最大的两家地热应用加工工厂就是冰岛的硅藻土加工厂和新西兰的纸浆加工厂。

(3) 浅层地温能开发　浅层地温能通常是指蕴藏在地表一定深度范围内（一般为恒温带至200m埋深）的土壤、砂石和地下水中，具有开发利用价值的低温热能，其温度通常小于25℃。其热源主要来自太阳辐射和地球梯度增温，是一种分布广、储量大、再生迅速和利用价值大的地热资源。

地表浅层类似于巨大的太阳能集热器，其收集的太阳能量相当于人类每年消耗总能量的500多倍。目前浅层地温能主要采用热泵技术进行开发和利用，其应用领域涉及房屋供热、制冷和公路路面除冰等。

7.3.3　地源热泵技术与应用

7.3.3.1　地源热泵技术及特点

(1) 地源热泵基本概念　热泵是利用卡诺循环和逆卡诺循环转移冷量和热量的设备。地源热泵是热泵技术的一种。地源热泵是利用浅层地热能作为低品位能源，通过热泵为建筑提供供热和制冷的新型能源技术。它只需要消耗少量的高品位能源（电能），就可以将大量低品位的浅层地热能转移给品位相对较高的空调循环水：冬天将浅层地热能从地下取出提高温度后，向建筑供热；夏天将建筑内的热量取出，释放到地下为建筑制冷。

近十几年来，地源热泵技术在很多国家受到了人们的青睐，我国的地源热泵市场也日趋活跃。可以预计，该项技术将作为最有效的供热和供冷空调技术之一，继续获得较快发展。

(2) 地源热泵技术的特点

① 地源热泵的技术优势

a. 节能高效。热泵机组的高效率在供暖模式上采用运行系数COP（输出能量与输入能量之比）来表示。目前地源热泵机组的COP一般都能达到4～5。也就是说，利用地源热泵技术，每消耗1kW的电能，可以获得4～5kW的热能，多获得的热能就是从地下水、地上土壤或者地表水中采集的、可再生的浅层地热能。与锅炉（电、燃料）供热系统相比，锅炉供热只能将90%以上的电能或70%～90%的燃料内能转化为热能，供用户使用。因此，地源热泵要比电热锅炉加热节省超过2/3的电能，比燃料锅炉节省超过1/2的能量。

地表浅层地热资源的温度一年四季相对稳定（一般为10～25℃），冬季比环境空气温度高，夏季比环境空气温度低。因此，作为浅层地热资源的地热能可作为很好的热泵热源和空调冷源。地源热泵系统制冷、制热系数可达3.5～4.4，与传统的空气源热泵系统相比，要高出40%左右，其运行费用为普通中央空调的50%～60%。此外，由于地源热泵的热源温度较恒定的特性，也使得热泵机组运行更可靠、稳定，保证了系统的高效性和经济性。

b. 节水环保。以地下水或地表水作为低品位热源时，地源热泵系统仅提取水中的能量，水在热泵机组中进行热交换后没有任何泄漏地被送回地下，不消耗水，也不污染水资源；以地下土壤为低品位热源时，地源热泵也不会消耗水和污染水资源。而传统的中央空调大多通过冷却水塔冷却，每天都会因蒸发而损失大量水资源。

地源热泵的污染物排放，与空气源热泵相比，相当于减少40%以上污染物排放；与电供暖相比，相当于减少70%以上污染物排放。如果结合其他节能措施，其节能减排效果会更明显。虽然地源热泵也采用制冷剂，但比常规空调装置减少25%的充灌量，属自含式系统，即该装置能在工厂车间内事先完成整体安装并密封好。因此，制冷剂泄漏的概率大幅减小。该装置在运行过程中没有任何污染，也没有废弃物，不需要另配堆放燃料废物的场地，且不用远距离输送热量。

c. 可以一机多用，适用范围广。地源热泵系统可供暖、制冷，还可以提供生活热水；一机多用，可以一套系统代替原来的锅炉加空调的两套装置或系统，并且不需要冷却水塔、燃气管道、烟囱和烟道等设施。地源热泵系统可应用于宾馆、商场、办公楼、学校等场合，更适用于别墅等的采暖、制冷。

d. 属于可再生能源利用。地源热泵是利用地球表面浅层地热资源作为冷、热源，进行能源交换的供暖空调系统。它不受地域限制，无处不在。这种储存在地表浅层近乎无限的可再生资源，使得地热能也成为可再生清洁能源的一种。

e. 地源热泵系统维护费用低。在同等条件下，采用地源热泵系统的建筑物能够降低维护费用。地源热泵系统非常耐用，机组使用寿命长，自动化控制程度高，它的机械运动部件也很少，所有的部件不是埋在地下就是安装在室内，从而避免了室外恶劣天气的影响，也降低了维护费用。一般而言，地源热泵的换热部分为地下工程，基本不占用地面宝贵的土地资源。在基本不需要维护的情况下，其地下部分可以平稳运行50年，地上部分可以平稳运行30年。不少安装地源热泵系统的用户，往往其投资在3年左右时间内即可收回。

② 地源热泵的缺点。地源热泵的缺点主要如下：相比常规空调系统，一次性投资较高；地源热泵的使用会受到场地的限制，没有足够的场地往往满足不了能量交换的需要，对地源热泵的应用产生影响；采用地下水的利用方式时，会受到当地地下水资源的制约，保护不好会污染地下水，回灌不好则会造成地基下沉；地源热泵系统设计和施工的难度较大。

7.3.3.2 地源热泵系统的组成

地源热泵系统主要由能量提升系统、能量采集系统和能量释放系统三部分组成，三个系统之间靠水或空气进行能量交换。

① 能量提升系统是指热泵机组，它是地源热泵系统的核心设备。地源热泵机组一般采用压缩式热泵，这是因为浅层地热能分布较广，为建筑供热和制冷只需从建筑周边提取就可完成。压缩式热泵效率高，并且以电驱动，应用较为方便。

② 能量采集系统指的是室外地能换热系统，主要有地下水系统、地埋管系统和地表水系统等几种形式，以地下水、地下土壤和地表水为低品位热源。

③ 能量释放系统即室内的空调末端循环系统，主要由水泵、管道和末端设备等组成。

末端设备主要有风机盘管、空气处理机组、辐射供暖（冷）装置、散热器等几种形式。其功能是按建筑物各房间冷、热负荷的大小，将冷量和热量合理地分配到各个房间区域，并组织空气合理地流动，以创造出温度适宜的室内环境。

7.3.3.3 地源热泵的类型

根据能量采集系系形式的不同，地源热泵技术一般可分为地下水源热泵技术、土壤源热泵技术和地表水源热泵技术，它们分别以地下水、地下土壤和地表水作为低品位热源。三种地源热泵技术各有其优缺点，在应用时要根据实际情况本着因地制宜的原则选择合适的地源热泵类型。

（1）地下水源热泵技术　由于地下水稳定，开采容易，所以地下水源热泵技术运行成本低、投资也较低，节能性和经济性较好，能够发挥地源热泵技术节能、环保的优势。但是，地下水源热泵技术对当地水文地质条件的要求也很高：所在地既要有丰富而稳定的地下水资源，还要求含水层有很好的渗透性，能够把抽出来的水顺畅地回灌回去。回灌是目前制约地下热泵技术应用的主要瓶颈之一。地下水源热泵如果设计不合理或者施工不合格，就会出现水量不稳定、回灌困难、地下水含沙量大以及具有腐蚀性的地下水对设备产生腐蚀等问题，从而产生供热、制冷的效果达不到要求，运行成本偏高，浪费水资源并引起地基下降和热泵系统使用寿命缩短等问题。

（2）土壤源热泵技术　土壤源热泵在不同的地质条件下，其埋设换热管的成本差异很大：在岩石层或颗粒较大的卵石层埋设换热管的造价很高，在黏土层或细沙层埋设换热管的造价较低。总体来说，土壤源热泵系统的造价高于地下水热源系统。另外，在地下埋设换热管时还需要很大的场地，这也限制土壤源热泵在很多场合中的应用。

土壤源热泵系统设计、施工的要求很高。首先，设计的换热管长度有一定难度：换热管长度增加，会增加系统的造价，并需要大的场地；换热管长度不够，会影响与地下土壤的换热效果。其次，换热管与土壤之间的换热能力与埋设管的施工质量有很大关系。如果回填不够密实或者存在其他施工质量问题，就会影响换热管的传热效果，形成很大的热阻，降低热泵系统的效率。此外，应用土壤源热泵时，还需要注意地下土壤的"地下热平衡"问题，由"地下热平衡"所引起的热堆积造成的土壤温度变化及其对生态环境的影响，一直没有得到足够重视。

（3）地表水源热泵技术　地表水源热泵对地表水条件的要求较为苛刻，应用时的主要要求如下。首先是水量充足，例如采用江、河水时，水流要稳定。其次，水温要稳定，地表水温度与地下水温度不同，不是常年恒定的，而是随气温的变化而波动。一般而言，冬季水温较低的北方地区不适宜采用地表水源热泵技术。对于在长江流域以及以南的地区，如果当地既需要供暖又需要制冷，并且附近有较好的地表水资源，水量充足，温度基本稳定，有时可以考虑采用地表水源热泵技术。

7.3.3.4 我国地源热泵技术的发展

我国土壤地源热泵技术发展较晚。2005年后，随着我国对可再生能源应用与节能减排工作的不断加强，以及相关部委对国家级可再生能源示范工程和国家级可再生能源示范城市的逐步推进，奠定了地源热泵技术在我国建筑节能与可再生能源利用技术中的优势，各省市陆续出台相关的地方政策，设备厂家不断增多，新专利、新技术不断涌现，从业人员不断增多，有影响力的大型工程不断出现，地源热泵技术的应用进入了快速发展阶段。

北京是我国地源热泵技术推广较好的城市。北京在 2008 年奥运会期间，充分利用得天独厚的地热条件，发挥地热温泉的清洁能源优势，相继将一些先进的技术，如地热尾水回灌、水源热泵等应用到地热供暖系统上，同时，水源热泵式中央空调还成为指定选用的空调类型。2009 年，地源热泵与地热利用综合供暖系统在北京国际鲜花港投入使用，改变了以往温室采用煤、电、气供暖的情况，实现了零排放、低能耗。随着我国相关地源热泵标准的发布，地源热泵系统的推广和应用时机已更加成熟。今后随着国家经济实力的提高和人民生活水平的进步，经过科研和设计人员的共同努力，作为一门新技术，地源热泵技术将为国家的可持续发展带来新契机，在不远的将来，一定会具有更广阔的市场前景。

7.4 风能

7.4.1 风能概述

7.4.1.1 风能及其特点

空气流动产生风，空气流动时所具有的能量称为风能。从广义太阳能的角度看，风能是由太阳能转化而来的：来自太阳的辐射能不断地传送到地球表面周围，因太阳照射而导致的受热情况不同，地球表面各处产生温差，从而产生压差形成空气的流动。自然界中的风能资源是丰富的。据估算，地球受到的太阳辐射能约有 20% 被转换为风能。不同的风级包含不同的能量，风的能量大小取决于风速和空气的密度，平均风速越大的地方，风能资源越丰富。

目前风能利用的主要形式是风力发电和机械做功。作为一种可再生能源，风能的开发和利用越来越受到人们的关注。风能的主要特点如下。

(1) 风能的优点　风能的主要优点如下。①风能资源储量巨大，全球的风能总量约为 $2.74 \times 10^9 \mathrm{MW}$，其中可利用的风能总量约为 $2.0 \times 10^7 \mathrm{MW}$，比地球上可开发利用的水能总量大 10 倍。风能可以说是取之不尽、用之不竭的能量。②风能本身属清洁能源，不污染环境，清洁无害。③风能有分布广泛、方便分散使用的特点，特别是对于多风的偏远山区、海岛和分散的居民定居点等缺电或少电地区，可采用风能发电技术。④开发利用风能的建设项目周期短，见效快；技术相对简单；运行的自动化程度高，需要的人员较少。

(2) 风能的局限性　风能的主要局限性如下。①风能不够稳定。风能常随季节、昼夜的变化而变化，当风小或无风时常涉及能量储存问题，须备有储能设备。②由于风能来源于空气的流动，空气的密度很小，仅为水的 1/800，风能密度比较低。因此，要想获得较大的功率，势必需要将风力发电机的风轮做得很大。③风能受地形、地物的影响较大，即使在同一个区域，有利地形处的风力往往是不利地形处的几倍甚至更多。

7.4.1.2 风能资源的分布状况

(1) 世界风能资源分布　风能资源作为太阳能的一种转化形式，其在世界各地的分布主要取决于该地区的风速大小，其次是与该地区上空的空气密度有关。风能资源量取决于风能密度和可利用的风能年累计小时数。风能密度是单位迎风面积可获得的风的功率，与风速的立方及空气密度成正比关系。

世界气象组织发表了全世界范围内风能资源估计分布图，按平均风能密度和相应的年平均风速将全世界风能资源分为 10 个等级。8 级以上的风能高值区主要分布于南半球中高纬度洋面和北半球的北大西洋、北太平洋以及北冰洋的中高纬度部分洋面上；大陆上的风能一般不超过 7 级。其中，以美国西部、西北欧沿海、乌拉尔山顶部和黑海地区等多风地带较大。风能资源受地形的影响较大，世界风能资源多集中在沿海和开阔大陆的收缩地带，包括西北欧西岸、非洲中部、阿留申群岛以及美国西部沿海、南亚、东南亚和北欧一些国家。我国的东南沿海、内蒙古、新疆和甘肃一带风能资源也很丰富。

（2）我国的风能资源分布　我国地域辽阔，风能资源较为丰富，特别是东南沿海及其附近岛屿，不仅风能密度大，年平均风速也高，发展风能利用的潜力很大。在内陆地区，从东北、内蒙古，到甘肃河西走廊及新疆一带的广阔地区，风能资源也很好。另外，华北地区和青藏高原某些区域也能利用风能。在全国范围内年平均风速在 6m/s 以上的地区约占全国总面积的 1/100，包括山东半岛、辽东半岛、黄海之滨，南澳岛以西的南海沿海、海南岛和南海诸岛，内蒙古从阴山山脉以北到大兴安岭以北，新疆达坂城、阿拉山口，河西走廊，松花江下游，张家口北部等地区，以及分布在全国各地的高山山口和山顶。中国沿海水深在 2～10m 的海域面积很大，而且风能资源较好，也靠近我国东部主要用电区域，适宜建设海上风电场。

为了解各地风能资源的差异，以便合理地开发和利用，应对风能区进行划分，即进行风能区划。风能区划标准的选用可以反映风能资源多寡，即利用年有效风能密度和年风速≥3m/s 风的年累积小时数的多少，一般将全国分为 4 个区，如表 7-4 所示。

⊡ **表 7-4　风能区划标准**

项目	丰富区	较丰富区	可利用区	贫乏区
年有效风能密度/(W/m²)	≥200	150～200	50～150	≤50
风速≥3m/s 的年小时数/h	≥5000	4000～5000	2000～4000	≤2000
占全国面积的比例 /%	8	18	50	24

① 风能丰富区

a. 东南沿海、山东半岛及辽东半岛沿海地区。该区域是我国风能资源最丰富的区域。这一地区由于面临海洋，风力较大，越向内陆，风速越小。除了一些高山气象站外，全国气象站风速≥7m/s 的地区基本都集中在东南沿海一带。该区域年平均风速为 8.7m/s，是全国平地上最大的。此外，该区域有效风能密度为 200W/m² 以上，海岛则可达 300W/m² 以上；风速≥3m/s 的时间全年为 6000h 以上，风速≥6m/s 的时间全年为 3500h 以上。

b. 三北地区。该区域是内陆风能资源最好的区域，年平均风能密度为 200W/m² 以上，个别地区可达 300W/m²；风速≥3m/s 的时间全年为 5000～6000h，风速≥6m/s 的时间全年为 3000h 以上，个别地区在 4000h 以上。该区域地面受蒙古高压控制，每次冷空气南下时都可造成较强风力，而且地面平坦，风速梯度较小；春季风能最大，冬季次之。

c. 松花江下游区。该区域风能密度在 200W/m² 以上，风速≥3m/s 的时间全年为 5000h，每年风速大于等于 6～20m/s 的时间全年为 3000h 以上。该区域的大风多数是由东北低压造成的：东北低压，春季最易发展；秋季次之。所以，春季风力最大，秋季次之。同时，这一地区又处于峡谷中，北为小兴安岭，南有长白山，正好在喇叭口处，风速加大。

② 风能较丰富区

a. 东南沿海内陆区和渤海沿海区。该区域从汕头沿海岸向北，沿东南沿海经江苏、山东、辽宁沿海到东北丹东，实际上这是丰富区向内陆的扩展。这一区的风能密度为 $150\sim200\text{W/m}^2$；风速 $\geqslant3\text{m/s}$ 的时间全年为 $4000\sim5000\text{h}$，风速 $\geqslant6\text{m/s}$ 的时间全年为 $2000\sim3500\text{h}$。在长江口以南，大致为秋季风能最大，冬季次之；在长江口以北，大致为春季风能最大，冬季次之。

b. 三北的南部区。从东北图们江口向西，沿燕山北麓经河套地区穿过河西走廊，过天山到新疆阿拉山口南，横穿三北中北部。这一区域的风能密度为 $150\sim200\text{W/m}^2$，风速 $\geqslant3\text{m/s}$ 的时间全年有 $4000\sim5000\text{h}$。这一区域的东部也是丰富区向南、向东扩展的地区。在西部，北疆是冷空气的通道，风速较大，形成了风能较丰富区。

c. 青藏高原区。区域的风能密度在 150W/m^2 以上，个别地区可达 180W/m^2。而 $3\sim20\text{m/s}$ 风速出现的时间却比较多，一般全年在 5000h 以上。青藏高原海拔较高，距离高空西风带较近，春季随着地面增热，对流加强，上、下冷热空气交换，使西风急流量下传，风力变大，故这一地区春季风能最大，夏季次之。另外，由于此区域夏季转为东风急流控制，西南季风爆发，雨季来临，但由于热力作用强大，对流活动频繁且旺盛，所以风力比较大。

③ 风能可利用区

a. 两广沿海区。这一区域在南岭以南，包括福建沿岸向内陆 $50\sim100\text{km}$ 的地带。风能密度为 $50\sim100\text{W/m}^2$，每年风速 $\geqslant3\text{m/s}$ 的时间为 $2000\sim4000\text{h}$，基本上从东向西逐渐减小。该区域位于大陆的南端，但冬季仍有强大的冷空气南下，其冷风可越过该区域到达南海，使该区域风力增大。该区域的冬季风力最大；秋季受台风的影响，风力次之。此外，广东沿海的阳江以西沿海，包括雷州半岛，春季风能为最大。这是由于冷空气在春季被南岭山地阻挡，一股股冷空气沿漓江河谷南下，使这一地区的春季风力变大。

b. 大、小兴安岭山地区。大、小兴安岭山地的风能密度为 100W/m^2 左右，每年风速 $\geqslant3\text{m/s}$ 的时间为 $3000\sim4000\text{h}$。冷空气只有偏北时才能影响这里，该区域的风力受东北低压影响较大，故春、秋季风能大。

c. 中部地区。从东北长白山向西经过华北平原，再经过西北到达我国最西端，贯穿我国东部和西部的广大地区。该区域有风能欠缺区（以四川为中心）在中间隔开，约占全国面积的 50%。在上述中部地区的西部，即包括西北各省、自治区的一部分，川西和青藏高原的东部和南部，风能密度为 $100\sim150\text{W/m}^2$，一年风速 $\geqslant3\text{m/s}$ 的时间在 4000h 左右。这一区域春季风能最大，夏季次之。在上述中部地区的东部，即包括黄河地区和长江中、下游地区，这一地区风力主要是冷空气南下造成的，每当冷空气过境时，风速明显加大，所以这一地区的春、冬季风能大；在冷空气南移的过程中，地面气温较高，冷空气很快衰减，很少有明显的冷空气到达长江以南。同时，长江下游有些地区台风有时比较活跃，所以秋季风能相对较大，春季次之。

d. 塔里木盆地东部。由于塔里木盆地东部是一马蹄形开口，冷空气可以从东灌入，风力较大，所以塔里木盆地东部属风能可利用区。

④ 风能贫乏区

a. 云贵川和南岭地区。该区域以四川为中心，西为青藏高原，北为秦岭，南为大娄山，东面为巫山和武当山等。这一地区冬季处于高空西风带"死水区"内，四周的高山使冷空气很难侵入；夏季台风也很难影响到这里。该区域风能密度为 50W/m^2 以下，一年风速 $\geqslant$

3m/s 的时间在 2000h 以下，成都地区仅为 400h。

b. 雅鲁藏布江和昌都地区。雅鲁藏布江河谷两侧为高山，昌都地区也处于横断山脉河谷中。这两个地区由于山脉形成屏障，冷、暖空气很难侵入，所以风力很小。该区域风能密度在 $50W/m^2$ 以下，一年风速 $\geqslant 3m/s$ 的时间在 2000h 以下。

c. 塔里木盆地西部。该区域四面皆为高山环抱，冷空气偶尔越过天山，但为数不多，所以风力较小。

7.4.2 风能利用技术

（1）风力发电原理　风能的主要利用形式是风力发电。风力发电是利用风能驱使风力发动机带动发电机发电的技术，整套装置由将风能转变为机械能的风力发动机和将机械能转换为电能的发电机等设备组成。在短短的几十年里，风力发电取得了长足进步，正逐步走向规模化和产业化；大型并网风力发电场成为风力发电的主流，风力发电在电网中的比例越来越高。

依据目前的技术，大约 3m/s 的风速便可以发电。目前我国已经成为全球风力发电规模最大、增长最快的市场。2010 年，我国风电产能超越美国，成为世界上规模最大的风能生产国。截至 2018 年底，我国风电累计装机容量为 $2.10\times10^5 MW$，占全球累计装机容量的 35.4%，位居全球第一。根据我国《风电发展"十三五"规划》，到 2020 年底，风力发电年发电量将确保达到 $4.2\times10^{11} kW \cdot h$，约占全国总发电量的 6%。

（2）风力发电机的分类　风力发电机是将风能转化为电能的装置。风力发电机的分类方法有很多种。按主轴与地面相对位置的不同，可以分为水平轴风力发电机和垂直轴风力发电机。

① 水平轴风力发电机。大、中型水平轴风力发电机仍然是目前世界范围内商业化运行最为成功的一种形式。其主要优点是叶轮可以架设到离地面较高的地方，从而减少了由于地面扰动对叶轮动态特性的影响。大、中型水平轴风力发电机的主要组成部件如下。

a. 机舱。机舱包含着风力发电机的关键设备，包括齿轮箱、发电机等。

b. 风轮。叶片安装在轮毂上称为风轮，它包括叶片、轮毂、主轴等。风轮是风力发电机接受风能的部件。

叶片是风力发电机最关键的部件之一，其造价占整机造价的 15%～20%。其良好的设计、可靠的质量和优越的性能是保证风力发电机稳定运行的决定性因素。对叶片的要求如下：密度小且具有最佳的疲劳强度和力学性能，能经受暴风等极端恶劣条件和随机负荷的考验；叶片的弹性、旋转时的惯性及其振动频率特性曲线应保持正常，传递给整个发电系统的负荷稳定性好；耐腐蚀、耐紫外线照射和防雷击的性能好；发电成本较低，维护费用也应尽可能低。目前，轻质高强、耐久性好的复合材料成为大型风力发电叶片的首选材料。

c. 增速器。增速器就是齿轮箱，是风力发电机的重要部件之一。在风力发电机组的各个组成部件中，齿轮箱是故障率最高的环节之一，也是我国风电技术水平的主要瓶颈。目前，国产风力发电机齿轮箱的故障主要集中在齿轮箱工作寿命达不到设计要求。其中，齿轮失效是齿轮箱发生故障的主要原因。

d. 联轴器。增速器与发电机之间采用联轴器连接，通常将联轴器与制动器设计在一起。

e. 制动器。制动器是使风力发电机停止转动的装置，也称为刹车制动装置。

f. 发电机。风力发电机组中最关键的部件之一是发电机，它的性能好坏直接影响整机的效率与可靠性。

g. 塔架。塔架是支撑风力发电机的支架。

h. 调速装置机构、调向（偏航）装置、微机控制系统。风力发电机的转速会随风速的变化而变化。为了使风力发电机轮平稳运行所需额定转速下的装置称为调速装置系统，调速装置只在额定风速以上时才开始调速。调向（偏航）装置是使风轮正常运转时一直对准风向迎风的装置。微机控制系统属于离散型控制，按设计程序给出各种指令以实现自动启动、运行中机组故障的自动停机、过振动停机等方面的自动控制。现代风力发电机实现了现场无人值守的自动化控制。

② 垂直轴风力发电机。与水平轴风力发电机相比，垂直轴风力发电机具有以下优势：增速箱和发电机置于塔底，安装和维修都非常方便；垂直轴风力发电机具有任意方向性，不用机舱对风和调向，省去了调向（偏航）装置，不存在扭缆和解缆的问题。但是，垂直轴风力发电机还存在以下一些不足，例如：发电机效率低；过速时的速度控制困难；难以自动启动等。

（3）风力发电场址的选择　在进行风力发电场址的选择时，首先应考虑当地能源供求关系、负荷的性质和每昼夜负荷的动态变化，在此基础上，再根据风能资源的实际情况选择合适的场地，以尽可能多地提高发电量。另外，还应考虑风力发电机安装和运输方面的情况，以尽可能降低风力发电的成本。选择的风力发电场址一般应具备以下条件。

① 风能资源丰富。评价风能资源是否丰富的主要指标是年平均风速、年平均风能密度和年有效风速时速。上述指标数值越大，表明当地的风能资源就越丰富。根据我国相关部门的规定，当某地的年有效风速时数为 2000～4000h，而且每年风速 6～20m/s 所对应的风速时数为 500～1500h 时，该地域即具备安装风力发电机的基本资源条件。

② 风力发电机应尽可能安装在风向、风速比较稳定，季节变化比较小的地方。风向稳定不仅可以增大风能利用率，而且还可以提高风轮的寿命。

③ 湍流小。当风吹过其粗糙的表面或绕过建筑物时，风速的大小和方向都会很快发生变化，这种变化就称为湍流。湍流不仅会减小风力发电机的功率输出，而且会使整个风力发电机发生机械振动。当湍流严重时，机械振动能可导致风力发电机毁坏。

④ 自然灾害小。选择风力发电机安装场址时，应尽量避免选择强风、冰雪等经常发生的区域。强风对风力发电机的破坏力很大，因此往往要求风力发电机有更好的抗强风性能和坚固的基础。当风力发电机叶片结冰或者积雪后，其质量分布和翼形会发生显著的变化，致使风轮和风力发电机产生振动，甚至发生损坏现象。

（4）风力发电系统　常将风力发电系统分为两种不同的类型：离网型（独立于电网运行的）风力发电系统、并网型（接入或并入电网系统运行的）风力发电系统。其中，离网型风力发电系统主要包括独立运行的风力发电系统、风力-柴油联合发电系统和风电-光电互补发电系统。独立运行的风力发电系统一般采用单机容量为 10～100kW 的小型风力发电机组，风力-柴油联合发电系统和风电-光电互补发电系统一般采用中型风力发电机组。并网型风力发电系统，其单机容量一般为 200kW 以上，既可以单独并网，也可以由多台，甚至由成百上千台风力发电机组构成风力发电场，简称风电场。

① 离网型风力发电系统。由于离网型风力发电系统规模较小，因此常将发电功率在 10kW 以下的离网型风力发电机称为离网型小型风力发电机。我国目前应用最多的离网型小

型风力发电机机型为水平轴高速螺旋桨式风力发电机，主要由能量采集系统、能量控制系统及能量储存系统三部分组成。从具体组成部件来看，与前面所述的水平轴风力发电机结构类似，离网型小型风力发电机由风轮、发电机、对风系统（调向装置）、塔架、电气系统等组成。

a. 风轮。离网型小型风力发电系统的风轮由1～4个（大部分为2～3个）叶片和轮毂组成。其功能是将风能转换为旋转的机械能，它是风力发电机从风中吸收能量的部件。风轮叶片设计的好坏对风力发电机的性能有重要影响。

b. 发电机。离网型小型风力发电系统采用的发电机可以是直流发电机，也可以是交流发电机。为了简化发电系统的结构，目前主要采用永磁电机。

c. 对风系统（调向装置）。离网型小型风力发电机组的对风系统，同样包括调向机构和回转体。为了最大限度地捕获风能，提高机组发电量，该系统必须设置调向结构以使风轮系统始终面向来风，一般采用"尾翼调向"的方式。回转体用来安装及支撑发电机、风轮和尾翼调速机构等，保证风力发电机能随着风速、风向的变化在机架上端自由旋转。

d. 塔架。离网型小型风力发电机组的塔架所采用的结构和材料有多种形式，从结构上看有杆状、管状、立柱状或桁架等，材料有钢材或木材，选用时可根据当地的地理条件和实际应用情况来确定。塔架主要受到发电机的重力和使塔架弯向风的下游方向的阻力两种载荷作用。

e. 电气系统。离网型小型风力发电机的电气系统包括整流器、逆变器、充电控制器、蓄电池和卸荷系统。

整流器的主要功能是将离网型小型发电机发出的三相交流电整流成直流电，直流电经过充电控制器对蓄电池进行充电。整流器的主电路分为可控电路和不可控电路两种，为降低成本一般采用不可控电路。该电路主要元器件为二极管，在风速很小或无风的情况下可以阻止蓄电池对发电机反向供电。

逆变器的主要作用是将蓄电池内的电能变为可供日常使用的交流电或将整流器输出的直流电变为交流电。由于风力发电系统常常在小风状态下运行，所以该系统要求逆变器具有较高的效率。同时，由于蓄电池内的能量会随着风力发电机组运行情况的改变而发生变化，这就要求逆变器能够在较宽的电压范围内工作，而且还要保证输出电压的稳定。

充电控制器是离网型小型风力发电系统中的重要部件，其作用相当于一个开关。当蓄电池电压低于系统设定值时，控制器接通充电电路，将由发电机发出且经过整流后的电流充入蓄电池。当蓄电池的电压达到系统设定的电压后，充电控制器关闭，充电停止，以此保护蓄电池。

蓄电池是整个离网型风力发电系统的储能部件，其主要作用是将发电机发出的全部或部分电能储存起来。根据整个发电系统架构的不同，蓄电池的供电方式也有所不同，它可以直接向逆变器输电，或者只是在风力较小或负荷增大时向负荷供电。目前采用的蓄电池主要有铅酸电池、碱性电池和锂电池。

卸荷系统主要由卸荷电阻组成，其主要作用是保护控制系统和整个机组的安全，防止发电机输出电压突然升高并超出系统的设计范围。当发电机的输出电压陡升并超过设计阈值时，卸荷电路立即接通，将多余的电能卸掉。

② 并网型风力发电系统。并网发电是大功率风力发电机组高效、大规模利用风能最经济的方式之一，已成为当今世界上风能利用的主要形式。并网型风力发电系统一般包括风力

发电机组（含传动系统、调向装置、液压与制动系统、发电机、控制与安全系统等）、变压器等。根据风速，可将并网型风力发电系统分为三类：年平均风速达到 6m/s 时为较好；年平均风速达到 7m/s 时为好；年平均风速达到 8m/s 以上时为很好。我国现有并网型风力发电系统场址的年平均风速一般均在 6m/s 以上。

并网型风力发电系统的基本原理是：风轮机利用叶轮旋转，从风中吸收能量，将风能转化为机械能。叶轮通过增速齿轮箱带动发电机旋转（直驱式风力发电系统无此环节），发电机再将机械能转化为电能，并入电网供用户使用。并网型风力发电系统的风力发电机一般为水平轴式风力发电机。该水平轴式风力发电机在其桨叶正对风向时才旋转，根据风向，由调向装置控制风力发电机迎风。此外，对于变桨距风力发电机组，还需要配备一套变桨距系统，主要有液压型与电气传动型两类。前者适合在大、中型机组中应用，后者具有可靠性高和桨叶独立可调的特点。

风力发电作为公认的可以有效减缓气候变化、提高能源安全、促进低碳经济增长的方案，得到各国政府、机构和企业等的高度关注。此外，由于风电技术相对成熟，且具有更高的成本效益和资源有效性，因此风电也成为近年来世界上增长最快的可再生能源之一。

从"十一五"到"十二五"，我国风力发电行业经历了飞速发展的十年，风电已经成为继火电、水电之后的第三大电源。随着我国陆续出台了促进风力发电等可再生能源发展的相关法规和扶持政策，众多国内外企业大举投入中国风力发电制造业，通过引进生产许可证、建立合资企业、开展自主研发或联合研发等手段，研制出了兆瓦级以上风力发电机组产品，在单机容量上也逐渐接近国际领先水平。在风力发电机组零部件配套方面，我国风力发电产业已经形成包括叶片、塔架、齿轮箱、发电机、变桨距和调向系统、轮毂等在内的完整零部件生产体系。中国风力发电机组技术下一步的发展方向将立足于我国风电开发的需求和特点，积极参与国际市场竞争，不断提升大型先进风电机组的理论研究水平，完善风电设备供应链，使创新设计与智能制造实现有机结合，确保风力发电机组的质量和可靠性。

总之，在我国《可再生能源"十三五"发展规划》确定的目标下，国家和地方层面陆续推出了一系列产业政策，海上风电和分散式风电成为明确的市场导向，这为风电机组制造行业进行技术开发和产业升级提供了很多创新思路。今后在风力发电发展方面，我国将继续落实陆上大型基地建设、陆上分散式并网开发和海上风力发电基地建设，并结合我国制造业转型升级的国家战略，积极推动整机设备和零部件出口。同时，为了能充分利用风能资源和达到降低度电成本的目的，我国风电行业将继续向大型化、智能化、数字化的方向迈进。

7.5 水能

7.5.1 水能概述

7.5.1.1 水能及其特点

（1）水能　水能是指水体的动能、势能等能量资源。水从高处向低处流动即产生势能。动能指水自然流动或运动时产生的能。狭义的水能资源是指河流的水能资源。广义的水能资源包括河流水能、潮汐水能、波浪能、海流能等能量资源。其中，河流水能是人们目前最易开发和利用比较成熟的水能资源。目前水能资源最主要的利用方式就是发电，即通过建设水电站等方式将水能资源转化为电，进行水电开发。

为了更加突出水能资源发电的功能，人们常将用来发电的水能资源混称为水电资源、水力资源等。由于水能资源具有可再生性、经济性、便捷性和高效性等特征，因此大力开发水能资源是世界能源发展的主要方向。世界上水能资源比较丰富，而煤、石油资源较少的国家，如瑞士、瑞典，其水电开发占全国电力工业的60%以上。水、煤、石油资源都比较丰富的国家，如美国、加拿大、俄罗斯等国家，一般也大力开发水电，如美国、加拿大开发的水电已占可开发总水能资源的40%以上。对于水能资源少而煤炭资源丰富的国家，如德国、英国，对仅有的水能资源也尽量加以开发和利用，开发程度很高，约占可开发总水能资源的80%。而水、煤、石油资源都很贫乏的国家，如法国、意大利等，水能资源开发利用程度更高，已超过90%。其他如委内瑞拉，该国是盛产石油的国家，其水电开发比重也达到约50%。

（2）水能资源的优势　水能资源在能源建设中具有独特的地位。水电资源开发是当今世界主要电力来源（即化石燃料发电、核电和水电）之一。水能资源的主要优势如下。

① 全球水能资源的蕴藏量相当可观。此外，由于水流是按照一定的水文周期不断循环，从不间断，因此水能资源是一种可再生能源，成为可供人类持续利用的能源。相比之下，煤炭、石油、天然气等都是消耗性能源，逐年开采，可供开采的资源越来越少。

② 水能资源在发电过程中，不使用燃料，几乎没有任何污染物排放，不污染环境。

③ 水力发电成本较低。水电站运行、维修费用等发电成本以及对环境的影响远比燃煤电站低得多，而且水电站的能源利用率高，可达85%以上，而火电站燃煤热能效率只有40%左右。

④ 水力发电机组设备简单，操作快捷而有效。例如，可根据用户的需要，迅速启动或停机，适于承担电力系统的调峰、调频、负荷备用和事故备用等任务，确保电力系统安全运行。

⑤ 水能资源可以得到综合利用，除发电以外，水电站往往还兼有防洪抗旱、城乡供水、农业灌溉、水上航运、水产养殖、旅游娱乐等作用，可满足多方面开发的要求。

（3）水能资源的局限性

① 水能资源分布会受到水文、气候、地貌等自然条件的限制。水容易受到污染。开发水电时也会对生态环境产生一些负面影响，如大坝以下水流侵蚀加剧、河流的变化及对动植物的影响等。但是，这些负面影响是可以预见的，也是可以控制的。

② 需筑坝移民等，基础建设投资大，搬迁任务重。

③ 对于降水季节变化大的地区，在干旱季节发电时发电量会降低，甚至停止发电。

④ 水库下游肥沃的冲积土有所减少。

7.5.1.2　我国水能资源的分布及特点

（1）我国水能资源的分布情况　我国地域辽阔，大部分地区雨量充沛，河流众多，水能资源极为丰富。据估计，我国水能理论蕴藏量约为6.8亿千瓦，居世界第一位。其中，可开发的水能蕴藏量约为3.8亿千瓦，相当于大型火电厂每年消耗7亿吨标准煤。

我国地势高差巨大，地形复杂多样。西南部的青藏高原是世界上地势最高的地区，延伸出许多高大山脉，向东逐渐降低；西高东低，西部地区河流落差大，因而形成西部水能资源多、东部水能资源少的格局。据调查，水能资源在西南地区约占全国水能资源总量的70%；西北地区约占全国水能资源总量的12.5%；中南地区约占全国水能资源总量的9.5%；华东地区约占全国水能资源总量的4.4%；东北及华北地区各约占全国水能资源总量的1.8%。此外，我国台湾省也蕴藏着丰富的水能资源。

我国水能资源较集中地分布在大江、大河与干流，便于建立大型水电基地，实行战略性集中开发，主要水能资源富集于金沙江、雅砻江、大渡河、澜沧江、乌江、长江上游、南盘江与红水河、黄河上游、湘西、闽浙赣、东北地区、黄河北干流地区以及怒江等，其总装机容量约占全国可开发蕴藏量的50.9%。特别是地处我国西部的金沙江中、下游干流总装机规模约为58580MW，长江上游干流约为33197MW，长江上游的支流雅砻江、大渡河以及黄河上游、澜沧江、怒江都超过20000MW，乌江、南盘江与红水河的规模也超过10000MW。上述这些河流水能资源集中，有利于实现流域、梯级、滚动开发，有利于建成大型的水电基地，有利于充分发挥水能资源的规模效益实施"西电东送"。

（2）我国水电资源的分布特点

① 我国水能资源总量十分丰富，但人均水能资源量并不富裕。以电量计，我国可开发的水能资源约占世界水能资源总量的15%，但人均水电资源量只有世界平均值的70%左右，并不富裕。根据估算，到2050年左右当中国达到中等发达国家水平时，即使6.8亿千瓦的水能蕴藏量全部被开发完毕，水电装机容量也只占总装机容量的30%~40%。虽然水电的比例不高，但由于水电在保证电力系统安全、优质供电方面发挥着重要作用，因此其重要性远高于30%~40%。

② 水电资源分布不均衡，与我国经济发展现状不完全匹配。从河流分布来看，我国水电资源主要集中在长江、黄河的中上游，雅鲁藏布江的中下游，珠江、澜沧江、怒江和黑龙江上游等。这些江河可开发的大、中型水电资源约占全国大、中型水电资源量的90%。由于我国幅员辽阔，地形与雨量差异较大，因而形成水电资源在地域分布上的不平衡。按照技术可开发装机容量统计，我国经济相对落后的西部云、贵、川、渝、陕、甘、宁、青、新、藏等省（自治区、直辖市）水电资源约占全国总量的81.5%。特别是西南地区的云、贵、川、渝、藏水电资源就约占66.7%；其次是中部地区的黑、吉、晋、豫、鄂、湘、皖、赣等省水电资源约占13.7%；而用电负荷集中、经济较发达的东部地区如辽、京、津、冀、鲁、苏、浙、沪、粤、闽等省（直辖市）水电资源仅占4.88%。我国的经济格局是东部相对发达、西部相对落后，因此西部地区水力资源开发除了满足西部地区电力市场自身需求以外，还要考虑满足东部地区的市场需求。水能资源与电力负荷分布的不均衡性决定了"西电东送"的必要性。

③ 江河等水电资源在来水量方面存在一些不利的自然条件，需要进行调节。中国是世界上季风最显著的国家之一。冬季多由北部西伯利亚和蒙古高原的干冷气流控制，干旱少水；夏季则受东南太平洋和印度洋的暖湿气流控制，高温多雨。受季风影响，我国大部分区域降水时间和降水量在年内高度集中，一般雨季2~4个月的降水量能达到全年降水量的60%~80%。我国大多数河流年内、年际径流分布不均，丰、枯季节流量相差较大，因此需要建设调节性能好的水库，对径流进行调节，缓解水电供应的丰、枯矛盾，提高水电的总体供电质量。

7.5.2　水能利用技术

水能利用主要是指开发河川、湖泊等水能资源，将水能资源转换为电能的工程技术。目前水能资源最主要的利用方式就是发电。

7.5.2.1　水力发电基本原理

水力发电基本原理是水的落差在重力作用下形成动能，从河流或水库等高位水源处向低位处引水，利用水的压力或者流速冲击水轮机，使之旋转，从而将水能转化为机械能，然后再由水轮机带动发电机旋转，切割磁力线产生交流电，最后经输变电设施将电能送入电力系统或直接供电给用户。如果人们将水位提高以冲击水轮机，可以发现水轮机转速相应增加。此外，水位差越大，则水轮机所得动能越大，可转换的电能越高。这就是水力发电的基本原理。

为了实现将水能转换为电能，需要兴建不同类型的水电站。水电站是将水能转变为电能的设备和建筑物的水工建筑。为了利用水能，必须修建水工建筑物以集中落差、控制流量和输送水流。当水流从上游通过水轮机流向下游时，水轮机将水能转变为旋转机械能，再经发电机转变为电能。水电站产生的电能由输变电设备输送至电力用户。由于河流流量是不断变化的，为了经济而有效地利用水能，保证合理供电的需要，水电站常应具有不同程度的径流调节作用。

7.5.2.2　水电站

(1) 水电站的组成　水电站是由多种水工建筑物（挡水建筑物、泄水建筑物、进水建筑物、引水建筑物、平水建筑物及水电站厂房），以及发电、配电和电气等机械和设备组成的。其中，水轮机和水力发电机组是主要设备。水力发电机组中的水轮发电机由水轮机驱动。发电机的转速决定输出交流电的频率，因此稳定转子的转速对保证频率的稳定至关重要。可以采取闭环控制的方式对水轮机转速进行控制，通过采集发出的交流电频率信号样本，将其反馈到控制水轮机导叶开合角度的控制系统中，从而去控制水轮机的输出功率，以达到保持发电机转速稳定的目的。

为了保证系统安全、平稳运行，在厂房内还配置其他相应的机械和电气设备，如调速器、油压装置、励磁系统、低压开关、自动化与保护系统等；在水电站升压开关站内主要设置升压变压器、高压配电开关、互感器、避雷器等电气设备以接受和分配电能；最终通过输电线路及降压变电站将电能送至用户。

(2) 常见水力发电简要流程　常见水力发电简要流程如下。来自河川、湖泊的水经由拦水设施被提取后，经过压力隧洞、压力管道等水路设施送至电厂。当发电机组需要运转发电时，打开主阀（类似家中水龙头），之后开启导叶（控制流量装置）使水冲击水轮机，水轮机转动后带动发电机旋转。发电机定子绕组切割转子绕组产生的磁力线发电，发出来的电经升、降压变压器后与电力系统联网。如果需要调整发电机组的出力，可以调整导叶的开度以增减水量来满足要求，完成发电任务后的水再经由尾水路回到河道，作为下游的用水使用。

(3) 水电站的种类　根据不同的分类方式，水电站可划分为多种类型，具体内容如下。

① 按照综合利用情况分类，可分为：单一发电水电站；以发电为主兼顾综合利用功能的水电站；以综合利用为主兼顾发电的水电站。

② 按照水文联系分类，可分为：孤立水电站；梯级水电站。

③ 按运行方式，可分为：无调节水电站；有调节水电站；抽水储能电站等。无调节水电站没有水库，不能对径流进行调节，只能引用河中径流进行发电，故有时又称为径流式水电站。无调节水电站的运行方式，应以尽可能多地利用河中径流为原则。

有调节水电站则借助水库，能在某种限度内按照用电负荷对径流进行调节，将超过发电所需的多余来水蓄入水库，以供来水不足时增大发电量之用，故又被称为储水式水电站。它的运行方式可以在一定程度上满足用电的负荷情况。按照调节径流的周期长短，有调节水电站又可分为日调节水电站、年调节水电站和多年调节水电站，视水库的大小而定。

抽水蓄能电站则是指利用电力负荷低谷时的电能抽水至上水库，在电力负荷高峰期再放水至下水库发电的水电站，故又被称为蓄能式水电站。抽水蓄能电站可将电网负荷低时的多余电能，转变为电网高峰时期的高价值电能，适于调频、调相，稳定电力系统的周波和电压。此外，抽水蓄能电站宜为事故备用电站，可提高电网系统中火电站和核电站的效率。我国抽水蓄能电站的建设起步较晚，但由于后发效应，起点却较高。

④ 按集中落差的方式，水电站可分为筑坝式水电站、引水式水电站和混合式水电站三类，主要内容如下。

a. 筑坝式水电站。在落差较大的河段修建水坝，建立水库蓄水以提高水位，在坝外安装水轮机，水库的水流通过输水道（引水道）至坝外低处的水轮机，通过水流冲击水轮机旋转，带动发电机发电，然后水流通过尾水渠至下游河道，这就是筑坝建库发电的方式。由于坝内水库水面与坝外水轮机出水面有较大的水位差，水库里大量水通过较大的势能做功，可获得很高的水资源利用率。

b. 引水式水电站。引水式水电站是由引水系统利用天然河道落差集中发电的水电站。引水式水电站一般由挡水建筑物、泄水建筑物、引水系统、水电站厂房、尾水隧洞（或尾水明渠）及机电设备等组成。引水式水电站适宜建在河道多弯曲或河道坡降较陡的河段，用较短的引水系统可集中较大水头；也适宜于高水头水电站，以避免建设过高的挡水建筑物。跨流域引水发电的水电站通常是引水式水电站。引水式水电站工程简易，工程造价低，水库淹没损失小。其在良好的地形条件下，短距离能够集中较大的落差。也正是由于引水式水电站的自身优势，被广泛应用于严寒地区的水利工程建设中，在实际应用中取得了较为可观的成效，值得推广和应用。

c. 混合式水电站。混合式水电站是利用坝和引水道共同集中落差的水电站。混合式水电站部分落差由拦河筑坝得到，部分落差靠引水道集中，具有筑坝式水电站和引水式水电站的优点，在山区河流的中上游常被广泛采用。在有较大落差的大河湾处或高程差较大的两河流间跨流域开发时，采用混合式水电站尤为有利。

⑤ 按利用水头的大小，水电站可分为：高水头（70m 以上）水电站；中水头（15～70m）水电站；低水头（低于15m）水电站。

⑥ 按装机容量的大小，水电站可分为小型水电站、中型水电站和大型水电站。一般而言，装机容量 $2.5 \times 10^4 kW$ 以下为小型水电站，装机容量 $2.5 \times 10^4 \sim 2.5 \times 10^5 kW$ 为中型水电站，$2.5 \times 10^5 kW$ 以上为大型水电站。

（4）水能出力计算　水能的主要利用方式是借助于水电站进行水力发电。因此，水电站的产品就是电能输出。通常将出力和发电量作为衡量水电站的两个重要的动能指标。出力即指水电站在某一运行条件下输出的功率。

在水电站建设和运行的不同阶段，水能计算的目的和任务有所不同。在规划设计阶段，主要是选定和水电站、水库有关的参数，比如水电站装机容量、正常蓄水位、死水位等。在运行阶段，对于不同的运行方式，水电站的出力及发电量不同，产生的效益也不相同。水能计算的主要目的是确定水电站在电力系统中的最有利运行方案。按照水流能量的有关因素，考虑能量转化当中发生的损失，可以推导出水能计算中水能出力的基本公式：

$$N = 9.81 \eta Q_{电} H_{净}$$

式中，N 为水电站水能出力，即水电站所有水轮发电机组功率的总和，kW；η 为水电站效率系数，大型水电站一般采用 0.82～0.90；$Q_{电}$ 为发电引用流量（又称水电站工作流量），m^3/s；$H_{净}$ 为水电站净水头，即上、下水位的垂直高度，m。

7.5.2.3　水电工程建设对生态环境的影响

作为一种清洁的可再生能源，大力开发水电一直是我国能源开发的重点。水电工程作为国民经济的基础设施，在获得防洪、发电、供水、调节径流、旅游、促进经济社会发展等多种效益的同时，还要看到水电工程的建设对我国生态环境的多样性以及生物链不可避免地产生一定程度的影响。因此，我们在开发和利用水电工程的同时，还应当关注减少自然灾害、保护生态平衡的话题，重视水电工程建设对生态环境的影响。

一般而言，水电工程对生态环境造成的不良影响主要如下。①对河流流域生态平衡带来的负面影响。例如，天然的河流因受到新建水电工程等外界影响，会改变原有河道的内部生态平衡。另外，如果该河道内原本就存在携有河流泥沙的现象，新建的水电工程使河道内出现多余的泥沙从而形成淤积，最终带来水患的问题。②对局部气候带来一定的负面影响。通常情况下大气环流会控制一个地区的气候，其始终处于一种平衡的状态。但是，新建的水电工程将会改变此种局部气候，原先的整体平衡也被打破，很多区域都表现为冬季温度升高、夏季温度降低的情况。③对土壤方面的影响。水库蓄水后会有大量的水资源深入地下，地下水位随之升高，部分地区内土壤的沼泽化和盐渍化程度会不断加深。此外，水电工程建设完成后虽然减弱了洪水带来的危害，但由上游洪水冲刷过来的肥沃沉淀物含量有所降低，会降低下游土壤的肥力。④对水文、水体和地质等方面的影响。当完成水库建设后，相当于建成了一个巨大的蓄水池，将原本流动的活水转变为死水或造成水流速度下降，改变了原有水体自身的净化能力。同时，当库区内水资源储存量达到一定程度时，水体密度与其中的微生物会发生相应的改变，甚至会影响下游河流中鱼类的生长和繁殖，如不及时将蓄水排泄会造成水质的改变，情况严重时还会导致水体污染。此外，水电工程在带来极大效益和便利的同时，还会存在引发地质灾害的情况，表现为崩塌、滑坡、泥石流及不稳定斜坡，甚至引发地震等。这些地质灾害的频繁发生，会给人民生命财产造成重大损失。

总之，水电工程建设相关部门和有关人员要明确认识到兴建水电工程项目对区域范围内的生态环境所造成的各类影响，进而应更加重视水电工程整体规划、设计以及施工阶段中生态环境的根本需求。例如，为了实现水电开发与生态环境协调发展的目标，在一些具备技术和资金条件的水电站，可以根据水电工程对生态环境的影响特征，在水电工程的规划和设计阶段就提出相对于环境可行性更高的生态环境保护目标，并且明确相应的保护措施，做到最大限度地降低水电工程可能对生态环境造成的负面影响。此外，还应尽可能使当地民众可以享受兴建水电工程所带来的便捷性，形成互利互惠关系，进一步推动我国社会和经济的可持续发展。

7.5.2.4　我国水电能源发展的一些建议

（1）优先发展水电，落实水电基地建设方案　水电是我国仅次于火电的第二大常规能源，开发水电可节约煤炭资源，减少温室气体和各种污染物的排放，水电作为清洁可再生能源具有显著的环境效益，对可持续发展作用巨大。正因为水电在实现非化石能源发展目标中起着举足轻重的作用，根据国家能源局《水电发展"十三五"规划》，要实现2020年非化石能源占一次能源消费比重15%的目标，水电的比重须达到8%以上。因此，必须及时采取积极优先发展水电的战略。展望未来30年，我国将重点推进长江上游、金沙江、雅砻江、大渡河、澜沧江、黄河上游、南盘江与红水河、怒江、雅鲁藏布江等大型水电基地建设，通过加强北部、中部、南部输电通道建设，强化通道互连，实现水能资源更大范围的优化配置。如果上述优先发展水电的目标能够完成，预计到2050年我国水能资源开发利用程度将由目前的近30%提高到2050年的90%以上。水电开发程度的显著提高，将对保障我国能源安全，优化能源结构，发挥更重要的作用。

（2）大力发展农村小水电和农村水电代燃料工程建设　我国农村小水电资源丰富，分布面积广，大力发展农村小水电，可以加快农村水能资源开发，提高农村用电水平，加强农村基础设施建设，促进节能减排，带动农村经济和社会发展。此外，还要广泛实施小水电代燃料工程，解决农民生活燃料问题。例如，在退耕还林区、自然保护区、天然林保护区和水土流失重点治理区内农村水能资源丰富的地区，通过建设小水电站供电给当地农民，让农民用电做饭、取暖，不再砍树、烧柴，可以起到保护森林和植被的作用。

（3）加大技术改造力度，完善水电定价机制　对于我国的水电建设，还需进一步加大技术改造力度，加强电网建设，使用现代化调度手段，处理好水电与火电的联合运用以及水电与防洪、供水、灌溉、航运等其他目标的关系；充分发挥大型水电站的调峰作用，完成好全国联网的水电系统与电网的综合调度。此外，还应进一步深化以市场配置资源、供需形成价格为核心的电力体制改革，完善水电定价机制，确定合理的上网电价，以保证我国电力能源的安全供应和供电质量，为经济发展提供强有力的保障。

（4）重视水电工程生态环境保护　随着我国环境友好型社会的建设，对水电工程的生态环境保护要求越来越高。近年来水电开发争议不断，已严重影响了河流水电规划和环境影响评价等前期工作及项目建设。因此，在水电开发过程中还应进一步强化生态环境保护的理念，在规划、设计、施工、运行等各环节，更加重视生态环境保护，努力做到水电开发与生态环境和谐发展。

本章小结

本章对太阳能、海洋能、地热能、风能、水能的概念、资源分布、利用途径和开发利用技术进行了归纳、整理和分析。

太阳能除了应用于光伏发电和光热转换两个主要领域外，在辅助燃煤、太阳能汽车、海水淡化和制氢等方面也有许多应用。在海洋能（海流能、潮汐能、波浪能、温差能和盐差能等）开发利用中，潮汐能是目前技术最成熟和利用规模最大的。地热主要用于地热发电和取暖，地源热泵技术是开发和利用浅层地热能的重要方式。风力发电分为离网型风力发电系统和并网型风力发电系统，风力提水和风力制热也是风能利用的重要方式。水电是水能利用的重要方式，水电的诸多优势使水电成为可再生能源发展的首选，但水电站建设会造成一定的生态和环境影响。

[1] 王革华，艾德生. 新能源概论 [M]. 北京：化学工业出版社，2017.

[2] 中国能源大数据报告（2019）：我国能源发展概述 [OB/EL]. http：//dy. 163. com/v2/article/ detail/EFKLST-KB0511B355.

[3] 中国能源中长期发展战略研究项目组. 中国能源中长期（2030～2050）发展战略研究：可再生能源卷 [M]. 北京：科学出版社，2011.

[4] 战永超. 低碳经济环境下的新能源技术探究 [J]. 现代经济信息，2018，6：13.

[5] Li F H, Li Y, Fan H L, et al. Investigation on fusion characteristics of deposition from biomass vibrating grate furnace combustion and its modification [J]. Energy, 2019, 174：724-734.

[6] 王娜，陈治洁，胥若曦. 生物质能源应用技术的研究 [J]. 当代化工研究，2018（3）：85-86.

[7] 张守玉，黄凤豹，彭定茂，等. 低品质生物质的热解及低温催化气化研究 [J]. 燃料化学学报，2009，12：673-678.

[8] Nicolae S, Jean-Francois D, Fabio M F, et al. The role of biomass and bioenergy in a future bioeconomy policies and facts [J]. Environmental Developmental, 2015, 15：3-34.

[9] Vassilev S V, Baxter D, Andersen L K, et al. An overview of the chemical composition of biomass [J]. Fuel, 2010, 89 (5)：913-933.

[10] Khan A A, de Jong W, Jansens P J, et al. Biomass combustion in fluidized bed boilers：potential problems and remedies [J]. Fuel Processing Technology, 2009, 90 (1)：21-50.

[11] 彭好义，彭福来，蒋绍坚，等. 秸秆类生物质灰软化温度的灰预测模型研究 [J]. 太阳能学报，2017，38（12）：3450-3454.

[12] 李振珠，李风海，马修卫，等. 生物质对呼盛褐煤灰熔融特性的影响 [J]. 化工进展，2015，34（3）：710-714.

[13] 李振珠，李风海，马名杰，等. 高灰熔点煤灰熔融特性的可控调整研究进展 [J]. 化学工程，2015，43（3）：60-63.

[14] 李振珠，李风海，马名杰，等. 生物质与煤流化床共气化特性研究进展 [J]. 现代化工，2014，34（7）：12-15.

[15] Li F H, Huang J J, Fang Y T, et al. The effects of leaching and floatation on the ash fusion temperatures of three selected lignites [J]. Fuel, 2011, 90 (7)：2377-2383.

[16] Li Q H, Zhang Y G, Meng A H, et al. Study on ash fusion temperature using original and simulated biomass ashes [J]. Fuel Processing Technology, 2013, 107：107-112.

[17] 杜文智，牛艳青，谭厚章，等. 硅和硅铝化合物对生物质结渣影响的机理研究 [J]. 可再生能源，2015，33（10）：1559-1564.

[18] 孙迎，王永征，栗秀娟，等. 生物质燃烧积灰、结渣与腐蚀特性 [J]. 锅炉技术，2011，42（4）：66-69.

[19] 刘璐，王永征，王旭，等. 富磷添加剂对生物质燃烧中积灰结渣和腐蚀作用的探析 [J]. 可再生能源，2018，36（7）：949-953.

[20] Johansson L S, Leckner B, Tullin C, et al. Properties of particles in the fly ash of a biofuel-fired circulating fluidized bed (CFB) boiler [J]. Energy Fuels, 2008, 22 (5)：3005-3015.

[21] Li F H, Fan H L, Guo M X, et al. Influencing mechanism of additives on ash fusion behaviors of straw [J]. Energy Fuels, 2018, 32 (3)：3272-3280.

[22] Xiong S J, Burvall J, Orberg H, et al. Slagging characteristics during combustion of corn stoves with and without kaolin and calcite [J]. Energy Fuels, 2008, 22 (5)：3465-3470.

[23] 龙兵，刘志强，赵腾磊. 钾对生物质燃烧过程积灰的影响 [J]. 应用能源技术，2011，27（6）：34-39.

[24] Niu Y Q, Tan H Z, Ma L, et al. Slagging characteristics on the super-heaters of a 12 MW biomass-fired boiler [J].

Energy Fuels, 2010, 24 (9): 5222-5227.

[25] 沈国章, 钟振成, 吴占成. 生物质燃料在流化床内结渣特性判别指标研究 [J]. 热力发电, 2011, 40 (4): 24-28.

[26] Zhu Y J, Hu J H, Yang W, et al. Ash fusion characteristics and transformation behaviors during bamboo combustion in comparison with straw and poplar [J]. Energy Fuels, 2018, 32 (4): 5244-5251.

[27] Fang X, Jia L. Experimental study on ash fusion characteristics of biomass [J]. Bioresource Technology, 2012, 104: 769-774.

[28] Zhu Y M, Zhang H, Niu Y Q, et al. Experiment study on ash fusion characteristics of co-firing straw and sawdust [J]. Energy Fuels, 2018, 32 (1): 525-531.

[29] Thy P, Jenkins B M, Lesher C E, et al. Compositional constraints on slag formation and potassium volatilization from rice straw blended wood fuel [J]. Fuel Processing Technology, 2016, 87 (5): 383-408.

[30] Zeng T, Pollex A, Weller N, et al. Blended biomass pellets as fuel for small scale combustion appliances: effect of blending on slag formation in the bottom ash and pre-evaluation options [J]. Fuel, 2018, 212: 108-116.

[31] Mun T Y, Tumsa T Z, Lee U, et al. Performance evaluation of co-firing various kinds of biomass with low rank coals in a 500 MWe coal-fired power plant [J]. Energy, 2016, 115: 954-962.

[32] Valdes C F, Chejne F, Marrugo G, et al. Co-gasification of sub-bituminous coal with palm kernel shell in fluidized bed coupled to a ceramic industry process [J]. Applied Thermal Engineering, 2016, 107: 1201-1209.

[33] Li F H, Li M, Zhao H M, et al. Experimental investigation of ash deposition behaviour modification of straws by lignite addition [J]. Applied Thermal Engineering, 2017, 125: 134-144.

[34] 唐建业, 陈雪莉, 乔治, 等. 添加秸秆类生物质对长平煤灰熔融特性的影响 [J]. 化工学报, 2014, 65 (12): 4949-4957.

[35] 马修卫, 李风海, 马名杰, 等. 长治煤与生物质混合灰熔融特性研究 [J]. 燃料化学学报, 2018, 46 (2): 129-137.

[36] Li F H, Fang Y T. Modification of ash fusion behavior of lignite by the addition of different biomasses [J]. Energy Fuels, 2015, 29 (5): 2979-2986.

[37] 彭娜娜, 刘婷婷, 盖超, 等. 城市垃圾生物质组分混煤燃烧过程积灰结渣的特性及其灰分环境效应 [J]. 环境工程学报, 2017, 11 (2): 1075-1079.

[38] Wang L, Skreiberg O, Becidan M. Investigation of additives for preventing ash fouling and sintering during barley straw combustion [J]. Applied Thermal Engineering, 2014, 70 (2): 1262-1269.

[39] Nazelius I L, Bostrom D, Boman C, et al. Influence of peat addition to woody biomass pellets on slagging characteristics during combustion [J]. Energy Fuels, 2013, 27 (7): 3997-4006.

[40] 乔引庄, 伍安国, 王燕涛, 等. 造纸污泥做有机肥的尝试 [J]. 中国造纸, 2016, 35 (9): 56-60.

[41] 陈珊, 刘妍, 陈齐, 等. 添加造纸污泥对土壤-白萝卜系统中镉迁移的影响 [J]. 环境工程学报, 2017, 11 (3): 1906-1912.

[42] 何霄嘉, 许伟宁, 段静波. 造纸污泥作为铅固定剂修复重金属污染土壤的试验 [J]. 应用基础与工程科学学报, 2017, 25 (2): 246-257.

[43] Cho D W, Kwon G, Yoon K, et al. Simultaneous production of syngas and magnetic biochar via pyrolysis of paper mill sludge using CO_2 as reaction medium [J]. Energy Conversion Management, 2017, 145: 1-9.

[44] Shen J, Igathinathane C, Yu M, et al. Biomass pyrolysis and combustion integral and differential reaction heats with temperatures using thermogravimetric analysis/differential scanning calorimetry [J]. Bioresource Technology, 2015, 185: 89-98.

[45] Emami-Taba L, Irfan L, Daud M F, et al. Fuel blending effects on the co-gasification of coal and biomass-a review [J]. Biomass Bioenergy, 2013, 57: 249-263.

[46] Wang Q, Han K, Gao J, et al. Investigation of maize straw char briquette ash fusion characteristics and the influence of phosphorus additives [J]. Energy Fuels, 2017, 31: 2822-2830.

[47] Capablo J. Formation of alkali salt deposits in biomass combustion [J]. Fuel Processing Technology, 2016, 153: 58-73.

[48] Cao J, Xiao X, Zhang S, et al. Preparation and characterization of bio-oils from internally circulating fluidized-bed py-

rolyses of municipal, livestock, and wood waste [J]. Bioresource Technology, 2011, 102: 2009-2015.

[49] Garcia-Maraver N, Mata-Sanchez A, Carpio J , et al. Critical review of predictive coefficients for biomass ash deposition tendency [J]. Journal of Energy Institute, 2017, 90: 214-228.

[50] Zhou C, Rosén C, Engvall K. Biomass oxygen/steam gasification in a pressurized bubbling fluidized bed: Agglomeration behavior [J]. Applied Energy, 2016, 172: 230-250.

[51] Saidur R, Abdelaziz E A, Demirbas A, et al. A Review on biomass as a fuel for boiler [J]. Renewable Sustainable Energy Reviews, 2011, 15: 2262-2289.

[52] Konsomboon S, Pipatmanomai S, Madhiyanon T, et al. Effect of kaolin addition on ash characteristics of palm empty fruit bunch (EFB) upon combustion [J]. Applied Energy 2011, 88: 298-305.

[53] Ding L, Gong Y, Wang Y, et al. Characterisation of the morphological changes and interactions in char, slag and ash during CO$_2$ gasification of rice straw and lignite [J]. Applied Energy, 2017, 195: 713-724.

[54] Niu Y, Tan H, Hui S. Ash-related issues during biomass combustion: Alkali-induce slagging, silicate melt-induced slagging (ash fusion), agglomeration, corrosion, ash utilization, and related countermeasures [J]. Progress in Energy and Combustion Science, 2016, 52: 1-61.

[55] Sahu S G, Chakraborty N, Sarkar P. Coal biomass co-combustion: an overview [J]. Renewable Sustainable Energy Reviews, 2014, 39: 575-586.

[56] Niu Y, Du W, Tan H, et al. Further study on biomass ash characteristics at elevated ashing temperatures: The evolution of K, Cl, S and the ash fusion characteristics [J]. Bioresource Technology, 2013, 129: 642-645.

[57] Garba M U, Ingham D B, Ma L, et al. Prediction of potassium chloride sulfation and its effect on deposition in biomass-fired boilers [J]. Energy Fuels, 2012, 26: 6501-6508.

[58] Li H, Zhang Z, Ji A, et al. Behavior of slagging and corrosion of biomass ash [J]. Journal of Environmental Engineering Technology, 2017, 7: 107-113.

[59] Arvelakis S, Vourliotis P, Kakaras E, et al. Effect of leaching on the ash behavior of wheat straw and olive residue during fluidized bed combustion [J]. Biomass Bioenergy, 2001, 20: 459-470.

[60] Tonn B, Thumm U, Lewandowski I, et al. Leaching of biomass from semi-natural grasslands-Effects on chemical composition and ash high temperature behaviour [J]. Biomass Bioenergy, 2012, 36: 390-403.

[61] Liaw S B, Wu H. Leaching characteristics of organic and inorganic matter from biomass by water: differences between batch and semi-continuous operations [J]. Industrial Engineering Chemistry Research, 2013, 52: 4280-4289.

[62] Li F H, Xu M L, Wang T, et al. An investigation on the fusibility characteristics of low-rank coals and biomass mixtures [J]. Fuel, 2015, 158: 884-890.

[63] Rizkiana J, Guan G, Widayatno W B, et al. Promoting effect of various biomass ashes on the steam gasification of low-rank coal [J]. Applied Energy, 2014, 133: 282-288.

[64] Wang L, Becidan M, Skreiberg O. Sintering behavior of agricultural residues ashes and effects of additives [J]. Energy Fuels, 2012, 26: 5917-5929.

[65] Jiang D, Zhuang D, Fu J, et al. Bioenergy potential from crop residues in China: availability and distribution [J]. Renewable Sustainable Energy Reviews, 2012, 16: 1377-1382.

[66] Ma X W, Li F H, Ma M J, et al. Investigation on blended ash fusibility characteristics of biomass and coal with high silica-alumina [J]. Energy Fuels, 2017, 31: 7941-7951.

[67] Li F H, Li Z H, Huang J J, et al. Understanding mineral behaviors during anthracite fluidized-bed gasification based on slag characteristics [J]. Applied Energy, 2014, 131: 279-287.

[68] Li F H, Ma X W, Guo Q Q, et al. Investigation on the ash adhesion and deposition behaviors of low-rank coal [J]. Fuel Processing Technology, 2016, 156: 24-131.

[69] 王洋, 李慧, 王东旭, 等. 煤和生物质灰中氧化钾含量对灰熔融特性的影响 [J]. 化工进展, 2016, 35: 2759-2765.

[70] 任雪红, 张文生, 欧阳世翕. 多离子复合掺杂对阿利特介稳结构的影响 [J]. 硅酸盐学报, 2012, 40: 664-670.

[71] Li F H, Ma X W, Xu M L, et al. Regulation of ash-fusion behaviors for high ash-fusion-temperature coal by coal

blending [J]. Fuel Processing Technology, 2017, 166: 131-139.

[72] Xu J, Yu G, Liu X, et al. Investigation on the high-temperature flow behavior of biomass and coal blended ash [J]. Bioresource Technology, 2014, 166: 494-499.

[73] Bai J, Li W, Li B Q. Characterization of low-temperature coal ash behaviors at high temperatures under reducing atmosphere [J]. Fuel, 2008, 87: 583-591.

[74] Pang C, Hewakandamby B, Wu T, et al. An automated ash fusion test for characterization of the behaviour of ashes from biomass and coal at elevated temperatures [J]. Fuel, 2013, 103: 454-466.

[75] Niu Y, Tan H, Ma L, et al. Slagging characteristics on the superheaters of a 12MW biomass-fired boiler [J]. Energy Fuels, 2010, 24: 5222-5227.

[76] Li F H, Fang Y T. Ash fusion characteristics of a high aluminum coal and its modification [J]. Energy Fuels, 2016, 30: 2925-2931.

[77] Borello D, Venturini P, Rispoli F, et al. Prediction of multiphase combustion and ash deposition within a biomass furnace [J]. Applied Energy, 2013, 101: 413-422.

[78] Vassilev S V, Baxter D, Andersen L K, et al. An overview of the composition and application of biomass ash, Part 1: Phase mineral and chemical composition and classification [J]. Fuel, 2015, 105: 40-76.

[79] Kong L, Bai J, Li W, et al. The internal and external factor on coal ash slag viscosity at high temperatures, Part 3: Effect of CaO on the pattern of viscosity temperature curves of slag [J]. Fuel, 2016, 179: 10-16.

[80] Li F H, Fan H L, Fang Y T. Investigation on the regulation mechanism of ash fusion characteristics in coal blending [J]. Energy Fuels, 2017, 31: 379-386.

[81] 胡信国. 动力电池技术及应用 [M]. 北京: 化学工业出版社, 2013.

[82] 蒋清梅. 燃料电池的发展趋势及研究进展 [J]. 山东化工, 2017 (22): 56-57.

[83] 沈晓辉, 范瑞娟, 田占元, 等. 锂离子电池硅碳负极材料研究进展 [J]. 硅酸盐学报, 2017, 45 (10): 1458-1466.

[84] 陶锡泉. 氢能源技术知识读本 [M]. 北京: 国家行政学院出版社, 2013.

[85] [意] 尼克拉·艾莫里 (Armaroli N), 文思卓·巴尔扎尼 (Balzani V). 可持续世界的能源: 从石油时代到太阳能将来 [M]. 陆军, 李岱昕译. 北京: 化学工业出版社, 2014.

[86] 汪广溪. 氢能利用的发展现状及趋势 [J]. 低碳世界, 2017 (10): 295-296.

[87] 朱俏俏, 程纪华. 氢能制备技术的研究进展 [J]. 石油石化节能, 2015 (12): 51-54.

[88] 王寒. 世界氢能发展现状与技术调研 [J]. 当代化工, 2016 (6): 1316-1319.

[89] Wang M, Wang Z, Gong X, et al. The intensification technologies to water electrolysis for hydrogen production-A review [J]. Renewable and Sustainable Energy Reviews, 2014, 29: 573-588.

[90] 郭慧芳. 核能的可持续发展 [J]. 中国核科学技术进展报告, 2011, 2 (10): 36-39.

[91] 郝卿, 刘长良, 杜子冰. 核废料处理方法及管理策略研究 [J]. 科技信息, 2012, 32: 159-160.

[92] 孟博. 我国核废料管理对策的研究 [J]. 资源节约与环保, 2013, 7: 218-219.

[93] 高大统. "可燃冰"的工业化开采前景分析 [J]. 北京石油管理干部学院学报, 2017, 6: 53-57.

[94] Chong Z R, Yang S H B, Babu P, et al. Review of natural gas hydrates as an energy resource: Prospects and challenges [J]. Applied Energy, 2016, 162: 1633-1652.

[95] 何家雄, 苏玉波, 卢振权, 等. 南海北部琼东南盆地可燃冰气源及运聚成藏模式预测 [J]. 天然气化工, 2015, 35 (8): 19-29.

[96] 左然. 可再生能源概论 [M]. 2版. 北京: 机械工业出版社, 2015.

[97] 孔凡太, 戴松元. 我国太阳能光伏产业现状及未来展望 [J]. 中国工程科学, 2016, 18 (4): 51-54.

[98] 覃彪, 刘杨, 马程枫. 太阳能利用技术发展现状及前景分析 [J]. 化工管理, 2017 (3): 178-180.

[99] 毛剑, 杨勇平, 侯宏娟, 等. 太阳能辅助燃煤发电技术经济分析 [J]. 中国机电工程学报, 2015, 35 (6): 1406-1412.

[100] 麻常雷, 夏登文. 海洋能开发利用发展对策研究 [J]. 海洋开发与管理, 2016 (3): 51-56.

[101] 欧玲, 徐伟, 董月娥, 等. 海洋能开发利用的环境影响研究进展 [J]. 海洋开发与管理, 2016 (6): 65-70.

[102] 郑金海, 张继生. 海洋能利用工程的研究进展与关键科技问题 [J]. 河海大学学报 (自然科学版), 2015, 43

(5)：450-455.

[103] 翟秀静，刘奎仁，韩庆．新能源技术 [J]．北京：化学工业出版社，2018.

[104] 马伟斌，黄宇烈，赵黛青，等．我国地热能开发利用现状与发展 [J]．中国科学院院刊，2016, 31（2）：199-207.

[105] 郭洪军，刘凤龙．浅析我国水能的开发利用 [J]．魅力中国，2016 (3)：173.

[106] 陈军，袁华堂．新能源材料 [M]．北京：化学工业出版社，2003.

[107] 张超．水能资源开发利用 [M]．北京：化学工业出版社，2014.

[108] 黄汉云．太阳能光伏发电应用原理 [M]．北京：化学工业出版社，2010.

[109] 李永玺，陈彧，李超，等．聚合物太阳电池材料的研究进展 [J]．功能高分子学报，2014, 27 (4)：432-452.

[110] 马栩泉．核能开发与利用 [M]．北京：化学工业出版社，2014.

[111] 吴宇平，袁翔云，董超，等．锂离子电池应用与实践 [M]．北京：化学工业出版社，2012.

[112] 张军．地热能、余热能与热泵技术 [M]．北京：化学工业出版社，2014.

[113] 田宜水，姚向君．生物质能资源洁净转化利用技术 [M]．北京：化学工业出版社，2014.

[114] 卓建坤，陈超，姚强．洁净煤技术 [M]．北京：化学工业出版社，2016.

[115] Zheng J, Loganathan N K, Zhao J, et al. Clathrate hydrate formation of CO_2/CH_4 mixture at room temperature: Application to direct transport of CO_2-containing natural gas [J]. Applied Energy, 2019, 249: 190-203.